鍛鍊你的「微積感」！

連文科生都能一小時搞懂的微積分

難しい数式はまったくわかりませんが、微分積分を教えてください！

Takumi 著

威廣 譯

五南圖書出版公司 印行

前言

過去我在推特上發表過「世界用微分所寫成，用積分來了解世界」，隨即獲得來自工科大學生及大學教授們的廣大迴響。

世界是由微積分所構成的，因此學習微積分，也就會明瞭我們身處的這個世界，此話意義就是如此。

微積分在高中數學中亦是個充滿數學魅力及趣味性的單元，可惜的是，該單元也容易生出許多對數學感到挫折的人。

過去個人同樣上過許多微積分相關課程，亦研讀大量以其為主題之書籍。透過這個過程便產生一種想法：如果由我來做，教學應該要使人能夠更「簡單」、「有趣」地去感受微積分的本質吧。

目前我在 Youtube 頻道「以重考班氣氛學習之大學數學・物理」之下，發表了以工科大學生及考生為對象的數學及物理科教學影片，而 2019 年四月的今天已公開發表多達 200 部以上。頻道開設到目前為止約一年半的時間，訂閱數已超過 13 萬，敝人亦由衷感數間大學將影片用於教學的參考資料上。

關注我個人活動的 AbemaTV 相關人士，於 2018 年秋和我取得聯繫，希望邀請我於實境秀節目「DRAGON 堀江」中擔任數學講師。這是一個以外號「Horiemon」的創業家堀江貴文先生，及三位藝人以通過東京大學入學考為目標的節目。

數學的學習成了習慣，由算式所描述的世界和現實世界突然就這麼連接起來，人的「數學頭腦」孕育的瞬間是存在的。

過去的講師經驗當中，學生們的這種「數學頭腦」打通之瞬間，我親眼見過了好多次。那種瞬間對身為教育人員的我們來說亦同，感受到的欣喜之情無法用言語來表達。

　　同樣的情況也出現在「DRAGON 堀江」的節目當中，方才教授堀江先生微積分課程，他便對我表示：「高中時搞不懂的微積分，經 Takumi 老師這一解釋才弄懂了！」

　　之後不知是否他的「數學頭腦」開竅了，堀江先生不管走到哪裡就會和別人談論數學。（像是唬人般的真實事件）

　　我在 Youtube 所進行的教學一向都以精簡為主要想法，每段影片都以 10 分鐘上下的長度來製作。

　　微積分須要花上高中三年時間來學習，自然不可能在十分鐘之內講完。但經個人努力，仔細篩選相關主題，以短時間掌握其本質為目標，最後完成的編排設計只需 60 分鐘即可解說完畢。而實際上，本書內容即是針對數學不在行的社會人士，進行 60 分鐘的實務教學為基礎所寫成。

　　「還真沒上過這種微積分的課！」我想本書的內容應會讓人有這種想法。

　　雖僅有一人之力，若能透過本書喚醒許多人的「數學頭腦」，敝人將是十分地榮幸。

Takumi

CONTENTS

登場人物介紹

Takumi
塔酷米老師

人氣瞬間飆高,以教育、教學內容為賣點的YouTuber,數學講師。從大學生及考生那裡都獲得了不少好評:「塔酷米老師的課真是好懂又好玩!」

Eri
艾理

任職於製造業公司營業部門,年齡二字頭的女性。純文組的頭腦是所有人所公認的。求學期間數學考試不時抱鴨蛋,一看到算式和符號就發寒的心理障礙長久以來就一直存在著。在因緣際會下認識到塔酷米老師,便開始跟隨老師學習微積分。

微積分其實
連國小學生都懂！？

一個鐘頭就能了解微積分

開始講解微積分之前，首先請艾理告訴我，妳對微積分的印象是什麼？

這個嘛，有看不懂的符號，又是歪七扭八的曲線和複雜的數學式子，反正用看的就很難的樣子。

高中數學本身就很難了，卻還有被微積分捅一刀的感覺……

的確如此，「微積分在高中數學裡是個十分困難的單元，之前數學課本講的內容沒完全了解的話就投降了。」心裡這麼想的人應該蠻多的。

是的……我之前也這麼認為。

不過實際上正好相反。**就算不懂得複雜的計算，微積分只要一個鐘頭就能完全了解它的本質呢。**

而且它又是充滿數學魅力及趣味性的單元，所以在理解微積分的道路上，對數學的理解度會一口氣飆升，有可能讓所謂「數學頭腦」開竅。

咦？微積分是那麼神奇的單元喔！？但我數學程度，說來挺丟臉的，大概比國中生還爛……

根本不會用到困難的計算！

完全不是問題。只要懂加減乘除（四則運算）這類基礎運算方式就OK了，連國中國小學生都懂。艾理對四則運算這種程度的數學還可以吧？

當、當然了……（汗），雖然記憶有點模糊，但據我高中上過一輪微積分課的親身經歷，「國小學生都會懂」這句話有點難以置信。

艾理好像在懷疑我喔？

懷疑什麼的，沒有啦！

只是……說什麼國小學生都懂，還是一個鐘頭就懂的，我想就算是塔酷米老師，面對我這種純文組的也是沒輒吧。因為就我來看，這句話好像在說我能夠飛上天一樣，也太不切實際了吧！

這些要是真的話，那塔酷米老師就是魔法師啦！

 妳知道我外號叫什麼嗎？艾理。

 塔、塔酷米老師還有外號喔！？

 數學魔法師是也！

 咦咦！？

 那我就透過這次教學，對艾理施展「一個鐘頭就懂微積分」的魔法吧！

數學的世界中，九成的內容都是「圖像」！

融合「數學」及「物理」的數學課

 因數學感到挫折的人，很多都是學數學時，只了解數學式它本身的原貌。

 我也一樣被數學式搞得一頭霧水，覺得很挫折。

 目前我身為一位數學教育類的YouTuber來從事各項活動，但其實大學和研究所主修的是物理學。

讓人感激的是收到的許多意見當中，都說我教的數學很容易懂，我想是因為**我的數學課中含有物理的觀點**。

 喔⋯⋯

含有「物理的觀點」的話，為什麼數學就變得容易懂呢？

有了「具體的圖像」就很好理解

 大致來講，物理指的是一門從大自然現象中找出某些規則的學問。也就是說，我教的數學不單是把式子講得容易理解，**還混合了物理的觀點，讓數學和現實世界相互連結，所以數學式才容易具體化**。基於這個結果，數學就很好理解了。

 感覺多少能明白塔酷米老師要表達的東西了！

 不過呢，雖然說是「和現實世界相互連結來學習數學」，但其實所有人也都是自然而然這樣走過來的呢。

 什麼意思？

 比方說國小數學課裡，一開始出現「1+1=2」這類加法計算時，不是會把數字換成水果或動物的圖片來學習嗎？

 有啊，是這麼學的！

沒有蘋果或球之類的圖片，光是給國小一年級看「1+1=2」的式子讓他們來理解，我認為不懂的小朋友會是壓倒性地多。光以數學式的原貌去了解其意義，這可是個門檻很高的動作呢。

另外就是升上國中及高中的時候，課本裡頭出現的數學式，其中「抽象度」也逐步提升。就因如此，只去了解式子原貌的人就多了起來，這就是為什麼誕生出許多「數學白癡」之原因所在。

原來是這樣！

因此數學式運用的當下，若能連結到現實世界而形成具體圖像，我可以說，這一來即可解決數學中九成的問題。

廣泛用於
各個領域的微積分

以圖像來理解微積分

 以微積分來處理事物，運用具體的詞彙來說，**微分是拿著顯微鏡去觀察如灰塵般所不能見的微小物體。而積分有如「積砂成塔」，將大量灰塵堆積到眼睛看得到的程度。**

 能夠聽到這樣簡單的東西，真讓我鬆口氣了。

 我可以大膽地說，這就是微積分的本質。後面的解說會搭配數學式來進行，總之，請先把這些印象留在腦海裡。

 我知道了！

什麼是微分？

拿著顯微鏡去觀察肉眼所不能見的微小物體。

什麼是積分？

有如「積砂成塔」，把如灰塵般肉眼所不能見的微小物體，大量堆積到看得見的程度。

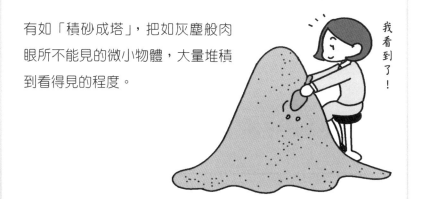

推估全壘打飛行距離靠的也是微積分

 艾理知道嗎？其實微積分和我們的生活息息相關。

 實在是沒什麼印象……（汗）

 那我就把印象形容得更具體些，要做到這點，首先就讓妳知道微積分是如何和生活產生密不可分的關係吧。

 什麼微積分式子，我在生活中沒看到過一次耶……

 眼睛看得到的地方當然不會有微積分的計算式啊。

 那是用在哪裡呢？

 艾理有去球場看過職棒比賽嗎？

有啊！

比方說東京巨蛋的比賽，打者擊出特大號全壘打的時候，偶爾球會打到外野觀眾席頭上的看板吧？

是啊！那一瞬間球場氣氛立刻就沸騰起來了呢！

球明明就打到看板，這時卻會顯示全壘打飛行距離是吧？

的確，飛行距離是怎麼量出來的？想一想真是神奇啊！

推估飛行距離其實是用到微積分。棒球的質量，以及影響物體的重力事先就知道了。所以一旦得知球的速度及方向，透過微積分，之後球的動態會如何改變全都可以推測出來，這就是看板上顯示出來的估計飛行距離！

居然有那種機制，令人驚訝啊！

19

知道微積分
就了解全世界！①

物體的動態遵循著運動方程式

 不光是棒球，這世上所有物體的動態，都遵循著所謂「運動方程式」這個公式。

 運動方程式……？

 運動方程式，用數學的語言來說就稱為「微分方程式」。
艾理聽過牛頓這個名字嗎？

 有啊有啊！有本雜誌也叫這個名字，超有名的人啊！

 沒錯，運動方程式就是這位艾薩克‧牛頓所發現的。是個描述物體運動規律的公式。

另外，運動方程式可用 m $\dfrac{dv}{dt}$ =F 這樣的數學式來表示。

 咦……？一整排全都是英文字母，這是數學式嗎？

 對，一個十分簡短的式子。不過像是漂泊在太空中的星星，或是我們身邊的物品，所有物體的動態都可以用這個式子推算出來呢，就算說是世紀大發見也不為過吧。

補充說明一下這個式子，F（Force）是力，m是質量（Mass），v 是速度（Velocity），t（Time）是指時間。

d是difference的字首，代表「變化」。而這個d之後也會以符號的形式出現，到時會再說明。

 麻煩老師了。

外太空探索也用到微積分

 話說回來，堀江貴文先生目前所關注的外太空探索活動，也一樣運用了「運動方程式」，人類會從探索中得到實用性的成果。而實際在導出成果的過程中，便出現以下帶有積分符號的式子：

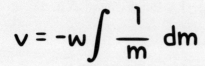

$$v = -w \int \frac{1}{m} \, dm$$

 完全不懂……（泣）

 沒關係的艾理（笑）！這個數學式，或是運動方程式都一樣，只是為了介紹微積分所用到的範例而已，想必妳也不會懂的。

這數學式是為了推導一個稱之為「火箭方程式*」而生的，火箭方程式知名的程度，在火箭工程領域是無人不曉的。

 那麼著名的公式也用得著微積分啊！

 火箭發射的當下會噴出很多煙吧？而射出後仍會噴發物質，載運的機體也會和火箭分離繼續前進。除了稍微減輕機體重量之外，也是為了獲得推力而朝著前進的反方向分離機體。

想得知火箭在多少重量時會有多少速度，這時會運用剛才的公式來計算，而其中就包含著微分和積分的思考方式。

---

* 火箭方程式：Tsiolkovsky Rocket Equation

噢，真是太神奇了！

那麼月球探勘還是發射人造衛星的時候，也一樣不可缺少微積分的意思吧？

沒錯，我可以說「世界是藉由微積分來驅動的」，這絕不是胡說八道！

所以接下來我們就會學到這種神奇的計算方法吧！

23

知道微積分
就了解全世界！②

完美預測慧星的到來

 發現運動方程式的牛頓，妳覺得當時世上是如何看待他的呢？

 呃，我覺得應該是「牛頓真厲害！！真是英雄！！」之類的吧？

 恰恰相反……（淚）

想想看，這些式子過去未曾發表過，這種情況下有一天突然告訴你：「物體一切的運動，只要用這個公式就能描述出來耶！」不管誰都會懷疑說：「事情沒那麼單純吧！」因此聽說當時沒得到多少人贊同。

而眾人之中有位天文學家相信了運動方程式，決定拿它做實際的應用。

喔喔！那個人真是個英雄啊！

……不過要應用在哪一方面才是重點啊，也或許他是想做些什麼讓身邊的人對自己刮目相看吧。

就像艾理所說的，據說他使用運動方程式是為了「彗星」的軌道研究。由於這位天文學家原本就對宇宙充滿興趣而從事過彗星的研究，也許就為了證明牛頓運動方程式的正確性才選上了彗星的。

這樣就真的預測到了嗎？

當然了！不過很可惜，牛頓在那顆彗星出現之前就逝世了。

而使用運動方程式，預測彗星哪一年來到的天文學家，也在彗星到達前就離開人世了。

怎麼會這樣呢……？他們應該覺得很遺憾吧……

經過歲月流逝，這一天終於來到了。

彗星該不會真的出現了吧？

沒錯，慧星真的現身了。而且差不多和天文學家所預測的年份吻合！

不管是牛頓還是那位天文學家，要是還活著一定高興到跳起來吧！

我想一定會這樣。

話說那位天文學家叫什麼名字，到目前為止都沒告訴妳吧？

這麼說也對……！他到底是誰啊？

微分廣受全世界公認的契機

那我就說囉！那天文學家的名字就叫艾德蒙‧哈雷！

哈雷指的是那個哈雷彗星的嗎！？

正是！

所以哈雷彗星造就了一個契機，那就是微積分實用性的歷史定位。

 連我都聽過的這顆彗星，預測它居然也用到了微積分！

 現在驚訝還太早，這故事還有後續發展。

 咦！？還有什麼？

 彗星到達日期是12月25日。

 是喔！

竟然準確預測彗星在聖誕節來到，這故事還挺浪漫的呢！

 不，並非如此。

12月25日的確是聖誕節，但其實這天也是牛頓的生日！

天哪！

彗星到達日和居然就是運動方程式催生者的生日，給人感覺是個什麼命中註定的故事呢！那他有說下次彗星到訪是哪天嗎？

 聽說下次是2061年7月28日。

 40年後喔？真是如此，我們或許還看得到呢！

許多公司經理人
也去鑽研數學的理由

數學是美妙的嗎？

 話聽到這理，對微積分稍微有點興趣了嗎？

 沒錯！預測哈雷彗星用到微積分，這就讓我聽出些興趣來了！

 太好了。

像艾理這樣，出了社會才知道數學的有趣，進而學習的人還蠻多的。學了數學，對數學了解愈多就愈會迷上它。

目前還在上我數學課的堀江貴文先生便是其一。只要我教他解題的方法，他臉上總是一付「哎呀……真是太美妙了……！」的入迷表情呢。

數學是美妙的！？什麼意思啊？

談的是關於數學的本質。數學不管是解題方法還是使用的符號，都是簡潔不拖泥帶水的，妳不覺得嗎？

例如剛才所介紹的運動方程式，可是最合乎這點的呢。

因為只要使用$m\dfrac{dv}{dt}=F$的式子，就能準確推測出物體會產生何種運動。

的確沒錯！

鑽研數學，對事物的看法將更加深入

那是因為簡潔的思考方式可以導向最短路徑，所以呢，或許和現實有所出入，**但對於頂尖經理人來說，很多人可是非常在乎數學的呢！**

是喔！？

除了堀江貴文先生以外，DWANGO*的公司創始人川上量生先生，我聽說現在仍然跟著他的家教在鑽研數學。

而且不只是日本，身為世上最傑出的創業家，赫赫有名的馬斯克*也提出鑽研數學及物理之重要性。

 這些家喻戶曉的名人們如此推崇數學的理由，就像剛才塔酷米老師所說的，鑽研數學是訓練人類以最短路徑得出結果，是出於這樣的理由嗎？

 我也是這麼認為。

若要補充什麼的話，鑽研數學的另一個面向就是「**對事物的看法將更加深入**」。

 對事物的看法……嗎？

---

* DWANGO Co., Ltd.，網路服務及娛樂公司，母公司為 Kadokawa Corp.

* Elon Musk，創業及投資家，Tesla Inc.（特斯拉）及 Space Exploration Technologies Corp.（Space X）的創始人。

換個方式來形容，大概就是找出事物共通的「規則」。

本來數學就是將**世上存在的一切事物以及發生的現象，抽出其中共通的規則再加以彙整的一門學問**，就如剛才所介紹的運動方程式一般。

像堀江先生那樣對數學的愛有增無減，在鑽研過許多規則後，蹦出的想法就不再侷限於數學的框架之內。

這樣我們就能在日常生活中，找出曾經學過的數學規則及其本質。

「學會數學」指的是「對事物能有多種看法」的意思吧！

透過對數學的解析，戴上「數學眼鏡」就會看清楚各種事物了，大概可以如此描述吧。因此對學會微積分的人來說，眼前是一片充滿魅力的世界，這是只有學過的人才會明瞭的。

塔酷米老師本身透過數學的鑽研，對世界的看法有產生什麼改變嗎？

那就藉由我喜愛的遊戲來告訴妳吧。有一款叫Super Smash Bros*

---

* 譯註：Super Smash Bros.，譯為「明星大亂鬥」。

的遊戲我還蠻著迷的。那艾理你知道有款叫做Street　Fighter*的遊戲嗎？

 是有一群肌肉猛男打來打去的格鬥遊戲吧？

 是啊，就像Street Fighter一樣，Super Smash Bros在遊戲中也都是角色間互相打來打去。但根據角色放出的招式，會影響到擊飛對手的角度。看著飛行的軌跡，腦內就浮現出各式各樣的數學式。那是因為所有的一切，我都能從數學的角度去觀察它。

 喔！感覺老師難得抽時間玩個遊戲，玩的過程中還在解析數學，是嗎？

 可以這麼說啊。（笑）

不過要是能像我這樣，把數學套用在周圍事物上去觀察它，那數學學起來更是樂此不疲呢！

 真希望能早點踏進這個領域啊！

---

* 譯註：Street Fighter，譯為「街霸」或「快打旋風」。

60 分鐘用心來理解
微積分的四步驟

用四個步驟
來學習微積分！

變化的「觀察」及「加總」

接下來開始講解微積分吧！

如同之前所說，微積分要花費高中三年的時間來學習，而在我的微積分課裡是用 60 分鐘來講解這三年的內容。

雖然只有 60 分鐘，但應該能讓妳「用心」去理解微積分的本質。

可說是世上最簡短，又最容易理解的創新微積分教學！

喔……現在我還不是很相信塔酷米老師所說的東西……

所謂 60 分鐘該不會是什麼「微積分公式就這個口訣，把它記下來」之類的，結果剩下的時間都花在背公式，然後就結束了吧？

妳還是在懷疑我呢……當然啦，就算把公式完整抄到腦子裡，根本也無法了解微積分的本質。

雖然這是我個人的感覺，但在大考自選科目中選擇數學來應試的考生，看來大概有一半的人把死背的公式「湊和著」用來解微積分題目。

就我來看，只要解得出來就超強的了……

由於我之前升上博士班從事的是物理研究，比較起高中所涉及到的範圍，微積分中更為深奧的世界我是一定知道的。

當然只有 60 分鐘的課程，是沒辦法將艾理帶進如此這般的世界。但我能夠帶領妳立足於世界的「入口」處。

既然這麼說，那就相信塔酷米老師，這 60 分鐘來一起努力吧。

多謝，我的微積分課是依照以下四個步驟來進行：

微積分的四個步驟

- 步驟1　函數
- 步驟2　圖形
- 步驟3　斜率
- 步驟4　面積

微積分的學習依照函數、圖形、斜率和面積的順序。不管是數學多爛的人，必定能用最短路徑掌握它的本質。這些步驟可說是描述了微積分的整體架構（範圍）。

聽老師說到這裡，至少連我這樣的人都感覺微積分很好懂的樣子……

和我開頭所說的一樣，只要懂得基本數學運算，微積分就連國小學生也是駕輕就熟的！

新出現的符號只有兩種

知道符號的涵義就不可怕了

 艾理剛開始學微積分時，遇到了不懂的符號或字詞，第一時間不會覺得一頭霧水嗎？

 是啊！

 沒做好功課的情況下突然出現來各種符號，我認為很多人同樣會感到困惑。而剛才我也介紹過帶有一堆符號的數學式，不過是如此，艾理就出現討厭的反應了。

不過呢，要是理解它們分別代表了什麼，符號根本就沒那麼嚇人啊。

 是喔？我不敢相信啊。

在微積分中，新出現的符號只有 lim 和 ∫兩種而已。

微積分中出現的兩種符號

lim ········ LIMIT

∫ ········ INTEGRAL

 哇⋯⋯光看符號就很難懂了⋯⋯我微積分學習動力正快速下降⋯⋯

 好了好了！先把話聽完，我會好好地讓妳的動力觸底反彈的！

這兩種符號，妳多少懂它的意思吧？

 咦？LIMIT？是英文吧？指的是「極限」的意思嗎？

不錯不錯！至於∫，我覺得不是個大家熟悉的字，所以留到後面說明。

在這邊希望艾理要記下來，lim 和 ∫ 符號中帶有「下指令」的意思。例如 lim 是「請將一個量無限趨近到某個值」這樣的指令。

 原來如此，像是交通標誌一樣啊！

 是的！

所以完全不用怕它，或者可以想像它是幫艾理指路的好心人。各個符號本身所代表的涵義，簡單程度連國中國小學生都會懂的。

 這麼一想，我才稍微放鬆點了！

 等了那麼久，那就開始講解微積分囉！

「函數」是什麼？

函數就是所謂的「轉換裝置」

 之前我提過，微分就像用顯微鏡去觀察微小的東西，積分就像把微小的東西堆積起來。更正確地說，微積分的描述會像下面這樣：

> 微分是 「觀察微小的變化」
>
> 積分是 「加總微小的變化」

 新冒出來「變化」這個詞了！

 正是如此，觀察其變化和加總。

這已經更加接近微積分的本質了，妳可以將這一點先記在腦裡。

再來，我就從微積分的第一步驟「函數」開始講解。

 麻煩老師了。

 函數用一句話來形容，就是「魔術表演的魔法盒」，像是一個轉換裝置。

 魔法盒……！？

 說具體一點，假設艾理眼前有個魔法盒，我就為它取個很潮的名字叫「f」吧，這樣做感覺這個人還像小孩一樣長不大呢。

這個叫「f」的盒子是個魔法盒，因此我們放進的任何數字都會變出其他數字，這就是盒子的特徵。

舉例來說，把 1 放進去就會出現 3，放入 3 就會出現 7，-2 的話就出現 -3。

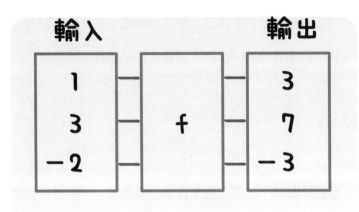

 來吧，這個叫做「f」的盒子當中，存在著怎麼樣的規則呢？

 呃……放入 1 會出現 3，3 的話會出現 7 吧。

如果「f」具有將數字 +2 的功能，第一項就是 1 + 2 = 3，沒問題。
再來呢，3 + 2 = 5……咦咦？不是 7 啊……

那就不是 +2 了啊？呃……這就不懂了（泣）

 這麼快就弄糊塗了啊！

看妳這樣子，那我就給妳些提示吧，其實這個轉換裝置指的就是
「**函數**」。那妳覺得為何我特地把盒子取了「f」這個潮名字呢？

呃，是以前塔酷米老師女友名字的開頭字母？還是？

描述「輸入」及「輸出」兩者間的關係

 妳想太多了（笑）

特地幫盒子取這種名子，是因為「*f*」是函數（function）的意思。

針對「輸入的東西」及「輸出的東西」，兩者間存在著什麼相對應的關係，這就稱之為「函數」。

換言之，「函數」有著「轉換裝置」的功能。所以在**微分中，這個裝置裡頭有什麼特徵，我們要去把它找出來。**

 是喔，原來這樣啊。

 既然懂它的意思了，那重新回想關於一開始的問題。

把 1 放入「*f*」裡會出現 3，放入 3 會出來 7，請問這裡面有著怎麼樣的規則呢？

把代入「*f*」的數字當成是輸入，從中出現的數字當成輸出，所以正確答案是「輸出數字是輸入數字的兩倍再加上 1」。

哇⋯⋯我已經亂掉了（淚）

 實際操作看看吧，將輸入的數字乘上 2 再加 1。現在輸入 1 進去，結果是多少？

 呃，(1 × 2) + 1，所以是 3 嗎？

 是啊，那這次輸入 3 算算看吧。

 (3 × 2) + 1，就是 7！

 懂了吧？這個規則寫成數學的形式就像下圖那樣：

在數學裡，運算結果會寫在左邊

 為何不寫成「2 × 輸入 + 1 = 輸出」呢？

 這是個好問題！

和上圖一樣。在數學裡，我們習慣把結果寫在前面（左邊）。

 那還真像英文啊！

先說「It is difficult」表示結論，再接 because 來說明理由，類似這種表達方式！

 這麼一說也是啊！

來整理一下，在 f 盒子裡「輸入的數字先乘兩倍再加 1」這種規則，這下我們清楚明白了。

假設看看，把輸入當成 x，輸出當成 y，會變出怎麼樣的式子呢？

 $y = (2 \times x) + 1$ ！

Excellent！我感覺妳身上已經有數學的味道了！

運用符號就容易運算

寫成 x 和 y 的理由，是因為先轉成符號的話，輸入任何數字都能得出結果。x 是 4 的話就是 $(2 \times 4) + 1$，y 便是 9，x 是 5 的話就是 $(2 \times 5) + 1$，y 是 11。什麼數字都能按這個方法來計算。

是喔！原來是這樣啊！

試著用
「轉換裝置」來運算

f(x) 的真面目

前面我說過，數學裡儘量運用符號來運算。而現在要將 x 放進 f 盒子裡，因此也同樣將它符號化，記成 $f(x)$。

意思就是「把 x 放進一個叫做 f 的盒子裡」，以前學校所教的 $f(x)$，這就是它的真面目！

居然是這樣！

那麼我問妳，$f(1)$ 答案是多少？

這個嘛，（ 2 × 1 ）＋1……所以是 3 ！

對，$f(3)$ 那呢？

（2 × 3）+ 1，所以答案是 7！

沒錯，現在妳做的就和前面所講過的一樣，不過呢，它長得會像下面這個樣子：

$$f(1)=3, \quad f(3)=7$$
$$f(-2)=-3$$

剛才我們還刻意將盒子外框畫出來講解，其實就算不畫，光是靠一個 $f(x)$ 式子就能明白了，這就是為什麼它稱作函數的原因。

原來如此！！

雖然叫它做函數，但我們所做的就只是把數字放進盒子裡罷了。所以在理解方面是出忽意料地容易，簡單到像泡個麵，熱水唰一聲澆下去就上桌了。**所以微分可說是個探索盒內變化的旅程。**

這樣學起來讓我稍微感到快樂一些了。

「圖形」是什麼？

圖形的優點

 函數方面看來已經沒問題了。那麼我們進到下一步驟囉。

第二部分是圖形。咦？怎麼艾理沒什麼力啊？

 光聽圖形這個詞我就心神不寧了，抱歉我去洗手間一下。（假裝逃跑）

 （無視）對許多文組的人而言，碰上圖形的瞬間就像艾理這樣想要逃避。直線的圖形還應付得來，但長得像拋物線的圖形一出現，光這樣就讓他們覺得比登天還難了。因圖形導致數學學習遇上瓶頸，這種人也真是不少啊。

 唔喔！真的呢！看來和我一樣的還真多，那就稍微放心一點了。

51

了解圖形的真面目，妳的理解程度馬上就會突飛猛進了。那我就開始解說囉！

 麻煩老師了。

看到圖形立刻就能做出判斷

 用一句話來形容，所謂的圖形就像下面這樣：

圖形 → 以圖來表示輸入和輸出結果間的關係

 舉個例，兌幣機放入（輸入）1000 元紙鈔就會吐出（輸出）10 個 100 元硬幣 *。要是機器能夠接受 5000 元紙鈔，就會吐出 50 個 100 元硬幣，將這些數字用圖來表達，這就稱之為圖形。

一旦有了圖形，就算不用文字敘述，光看圖就立即明白放進什麼可以拿回什麼，這便是優點所在。

---

* 日圓 1000 元以上為紙鈔，500 元以下為硬幣

那還真是聰明的作法啊。

沒有錯,回到前面談的部分來實際操作,以輸入及輸出的關係式來繪圖吧。「f」盒子內的規則還記得嗎?

($2 \times x$)$+ 1$!

是,那就使用 f 符號,把它寫成 $f(x) = 2x + 1$ 吧,這便是盒子的真面目。

因為 f 要代入某些數字,所以才寫做 $f(x)$ 吧?

那為什麼後面是寫成 $2x$ 呢?

寫得簡單一點,$2x$ 就是我們討論到目前為止的 $2 \times x$。不過在數學中的乘法符號是可以省略的,所以就成了 $2x$。

啊！我想起來了！

那就來繪製 $f(x) = 2x + 1$ 的圖形，首先把線畫出來吧，像這樣畫上直線和橫線：

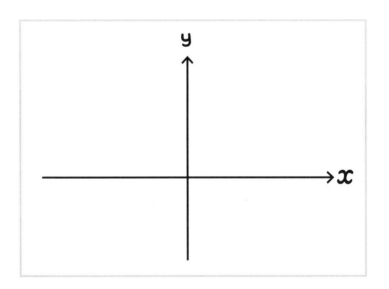

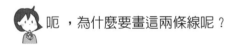

x 是輸入，y 是輸出

呃，為什麼要畫這兩條線呢？

問得好，首先妳知道橫軸 x 代表了什麼？

 老師在前個單元提過什麼 1 還是 -2 的，是指放進「f」盒子裡的數字嗎？

 答對了。就是所謂的「輸入」。那麼縱軸 y 是什麼？

 這個嘛，記得 y 是算出來的結果，所以是「輸出」嗎？

 That's right！這就是為什麼函數在轉成圖形時，函數的「輸入」和「輸出」是極其重要的。於是數學裡就有了輸入寫在橫軸，而輸出結果寫在縱軸的習慣。

不起眼之處也是有意義的

 我懂了！把橫軸和縱軸分別定義為「輸入」和「輸出」，為了要把它們畫進同一個圖形裡，所以才會用到兩條線啊。

正是。那麼做才會完美解決人們所在意的小地方,這點蠻重要的。所有在數學裡出現的小地方都有它的意義存在。

 老師這番話讓我安心不少了!

 不錯不錯,這種狀態就繼續維持下去吧!

親手來畫出圖形

用黑點標出輸入和輸出結果

 把 $x = 1$ 代入 $f(x) = 2x + 1$ 寫成 $f(1) = 3$，輸出結果就是 3。接下來從橫軸刻度 1 和縱軸刻度 3 拉出直線，如下圖般在交會處標上黑點：

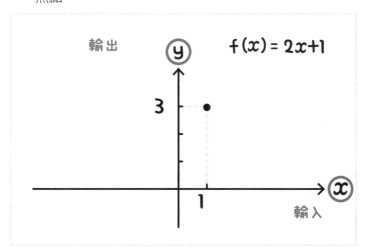

好，那把 -2 代入 x 的話答案是多少？

 這個嘛……$2 \times (-2) + 1$ 的話是 -3！

 答對了，當 x 是 -2 的時候結果會是 -3，所以來找找 -3 在哪裡，結果就像下圖那樣：

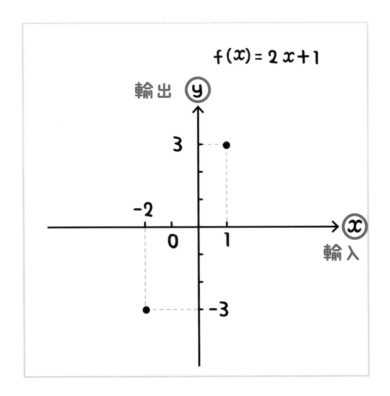

照這樣來做，用點標示出輸出入的結果。

 除了 1 和 -3 之外，也有像是 0.5 之類的非整數嗎？

 是啊，那種小一點的數字也可以拿來試看看，算出來後在輸出入結果之處標上黑點。像是 0.5 的話會輸出 2，而 -1.5 會輸出 -2。完成後各個黑點便會出現在圖形中。

 真的耶！

將點連起來看看

 把黑點連起來會怎麼樣呢？請艾理親手在筆記本上畫出來吧。

 哇！連成直線了！這就是圖形啊！（見次頁）

 是的，會形成一條直線。把函數轉換成圖形，輸入什麼數字時會得出什麼結果，這樣就一目了然。

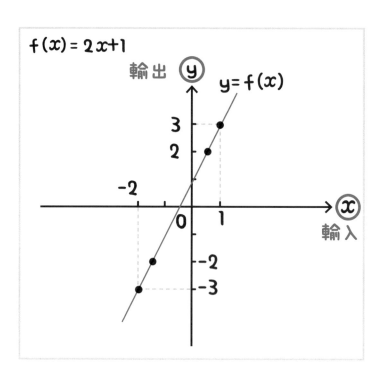

$f(x) = 2x+1$

輸出 ⓨ

$y = f(x)$

3
2
-2
0   1
ⓧ
輸入
-2
-3

現在弄明白了,輸入的數字愈大,輸出的數字也就愈大。而相反的,輸入的數字愈小,輸出也跟著變小。**圖形就這樣連結了輸出入之間彼此的關係**。

這下我懂啦!

高中數學裡用的是 f(x)

 那麼,剛才所畫的是哪個函數的圖形呢?

 $y = 2x + 1$ 嗎?

 是的,我認為國中時就是這麼學的。不過高中數學的描述會像下面這樣:

$$\textbf{畫出函數} f(x) = 2x+1 \textbf{的}$$
$$y = f(x) \textbf{圖形}$$

圖形中縱軸上寫的是 y,這點和艾理所說的一樣。

不過呢,以 $f(x)$ 的形式來表現,這樣就容易表達出 $f(x)$ 是將各種數字代入 x 所得出的結果,這是它的優點。

 啊,有複雜起來的預感……

 放心吧!這些困難我們一一來克服!

61

畫出拋物線圖形

圖形和投球所產生的軌跡相同

 這次來畫畫看 $f(x) = x^2$ 的 $y = f(x)$ 圖形。

當 x 為 1 時，艾理妳覺得 y 是？

 1 的平方是 1 ！

 是的，其他的情況也一樣，當 x 為 -1 時，$(-1) \times (-1)$ 得到 1。

x 為 2 時就是 $2 \times 2 = 4$。另外 0 的平方是 0，所以 x 和 y 都是 0。

把這些點分別標到圖形上，就會成為下圖這樣：

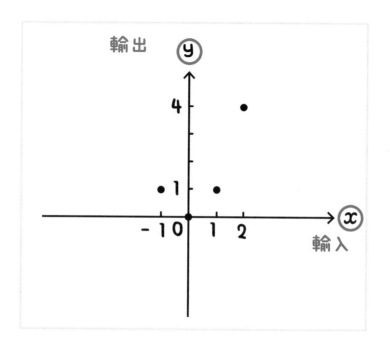

 請艾理將點連起來，看看會變成什麼。

 咦！？

　和剛才的長得不一樣啊！（見次頁）

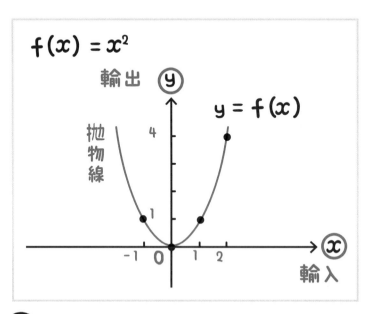

$f(x) = x^2$

輸出

拋物線

$y = f(x)$

4

1

-1　0　1　2

輸入

 沒有錯，我們得到一條漂亮的弧線。這弧線稱之為**拋物線**。投球的時候，球的軌跡不是會形成弧線嗎？那個也是拋物線。正如其名「**拋出物體時所形成的軌跡線**」。

了解函數及圖形這兩項單元，就完成微積分的熱身動作了

 那麼就來複習一下，請問什麼叫函數？

數字彼此之間的關係，是轉換裝置

 對，它就是「f」盒子的真面目。

而使我們一眼就能馬上判斷輸出入結果的，就是所謂的圖形。這兩項都是微積分學習方面所不可欠缺的。經過以上的學習，微積分的熱身動作便完成了。

 咦……？這樣就行了嗎？

 其實在高中數學裡，光是微積分的學前準備大概就要花上兩年時間，不過在我的課裡，把微積分限縮在函數及圖形兩方面，這一來等於擁有了高中生們為理解微積分所學的必要知識，這麼說應該不過分。

 真希望高中時就碰到塔酷米老師啊……（淚）

 現在開始學一點也不晚啊！

接下來就開始鑽研微分的相關細節吧！

「斜率」是什麼？

微分是求斜率的工具

從現在開始進入微分的範圍了。

第三步驟是「**斜率**」，事實上微分就是「**求斜率的工具**」。

求斜率的工具？

想像一下吧。

假設每天清早，艾理從住家走路去工作的地方上班。

從踏出第一步開始，妳看準時機按下手上的碼錶開始計時。

當碼錶走到第 1 秒時，妳離自家大門口有 2 公尺，第 5 秒時離大門有 6 公尺，在每秒速度保持不變的情況下，請問艾理的速度是多少呢？

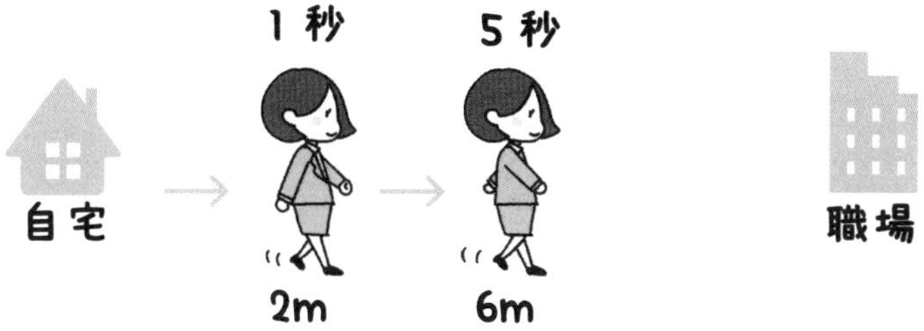
1 秒
5 秒
自宅
職場
2m
6m

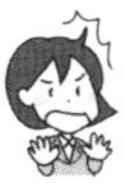

唔，速度的題目啊……我記得小學有學公式……感覺好像是這樣吧？

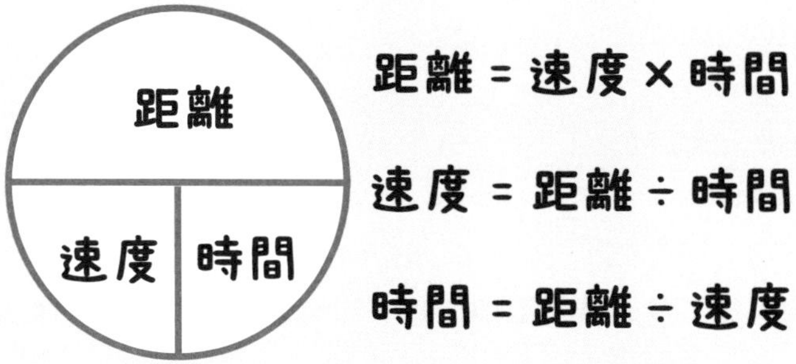
距離
速度
時間
距離 = 速度 × 時間
速度 = 距離 ÷ 時間
時間 = 距離 ÷ 速度

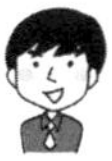

沒問題，就是這樣

這確實是個好記的公式，只不過它的適用條件是「速度保持固定不變的時候」，就這點請務必留意。

了解了！

這樣的話，求速度時就是距離 ÷ 時間吧。

距離嘛，6 公尺減掉 2 公尺得到 4 公尺。

時間就是 5 秒減 1 秒等於 4 秒，求速度用「距離 ÷ 時間」，所以寫出來就像下面這樣吧……？

$$4 \text{ (m)} \div 4 \text{ (秒)} = 1 \text{ (m/秒)}$$

答案是 1（公尺 / 秒）！

艾理做得不錯！意思就是每秒前進 1 公尺，也就是艾理的速度是「每秒 1 公尺」。

這樣走起路來步調還真是慢啊，我覺得。

艾理走路似乎蠻謹慎的呢（笑）

那就將艾理走路前進的情況轉成圖形吧。橫軸畫上時間，縱軸畫上前進距離後再標出黑點。第 1 秒時離大門 2 公尺，而第 5 秒時離了 6 公尺對吧？

 圖形畫出來是這樣的：

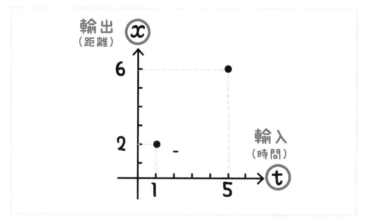

 是的！把兩點用線連起來，如下圖一般：

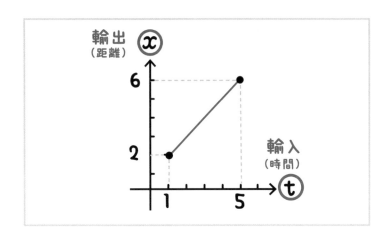

速度指的就是斜率

 說話回來，艾理還記得剛才我們思考的主題是什麼嗎？

 斜率！

 是啊，艾理每秒走 1 公尺。看看圖形，走路時間和距離形成了交點，而交點連起來的直線同樣是每秒多 1 公尺吧？

這種變化的步調就稱做「**斜率**」。

「求速度」及「求斜率」表達的是同樣的事情，該不會是這樣吧？

妳很敏銳！速度指的就是斜率。

斜率（變化率）是用「**縱軸的變化 ÷ 橫軸的變化**」求出來的。

這次的例子中，縱軸的變化是 6 － 2 ＝ 4，橫軸的變化是 5 － 1 ＝ 4，因此斜率就是 4 ÷ 4 ＝ 1，結果正好符合和速度的值。

在這裡，縱軸的變化是指「距離的變化」，而橫軸的變化當然就是指「時間的變化」。

原來如此！

我們弄清楚圖形的斜率是多少，這樣就很好理解了。

我在瘦身減肥時，如果每天也將體重做成圖形，這一來就能觀察瘦下來的進度，也是一樣的道理吧？

That's right ！妳一定要試看看啊！

「面積」是什麼？

用面積求出距離

 討論完速度，接下來我想針對「距離」來說明。

剛才得出的結果，艾理走路速度每秒 1 公尺。接下來把時間放在橫軸，速度放在縱軸畫出圖形吧。橫軸是 t，縱軸是 v。

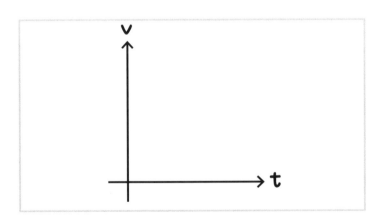

有 t 還有 v，我又亂掉了……

 我就知道會這樣（笑）

t 是指 time 的 t，也就是代表「時間」。

那麼 v 代表了什麼呢？

 除了 victory 我想不出其他的了……

 可惜可惜！

答案是 velocity，速度是也。

 沒什麼好可惜的吧（笑）

 那就在縱軸寫上 v（速度），橫軸寫上 t（時間），看看 4 秒前進了多少距離。經過了 4 秒，艾理妳覺得自己前進了多少距離呢？

 每秒 1 公尺，所以 1（公尺 / 秒）× 4（秒）＝ 4（公尺）！

是的。無論什麼時候速度總是保持 1（公尺／秒），因此圖形畫
出來就會像下圖這樣：

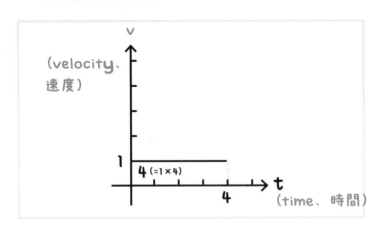

 發現到什麼了嗎？

 圖裡畫出來的是長方形耶！

長方形的縱軸 × 橫軸＝距離

 頭腦很清楚呢！

這回的例子，速度在任何時間均保持固定，所以畫出的是條沒有

斜率的直線，所以形成了圖中的長方形。

我們將這樣「**一直保持相同速度**」的情況稱做「**等速**」。

等速的情況下我們曾經提過，時間 × 速度就是距離。但事實上這長方形的面積也一樣，用縱軸（=1）× 橫軸（=4）能求得出來。

 對耶！距離和面積的值是相同的！

 那是因為縱軸代表速度，而橫軸代表時間，會這樣是理所當然的吧？而剛剛提過速度＝斜率，因此**距離＝面積**的道理也是相同的。

 不過仔細想想，我們人類總不會一直用相同的速度來走路吧……？

 非常好的問題！

關於這點，我接下來會仔細為妳說明的！

遇到「非等速」時
就輪到微積分上場了！

非等速時無法套用等速的公式

前面艾理幫忙點出了一個問題。正如其言，人走路有時會小跑步，有時又會站著不動，有時也會放慢步伐，這樣的情況佔了絕大多數。

如此**非等速的情況下該如何正確求出斜率**？就這點我們一起來想想吧。

好的！

我們就假設和前面的例子同樣的條件，在「第 1 秒時離原地點 2 公尺，第 5 秒時離原地點 6 公尺」的情況下來繪製圖形吧。有時跑步，有時慢慢走，或是調頭，想像一下這種場景畫出適合的圖形。

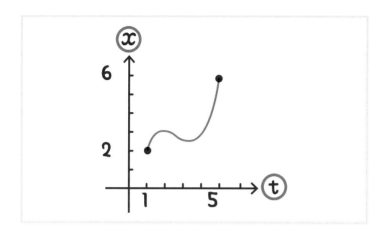

 怎麼像是胃消化不良的形狀啊！

 就把它當成是喝酒後第二天的胃吧（笑）

那麼艾理，碼錶在第 2 秒的時候速度是多少？

 不是等速，那剛才的算法就用不上了吧……？

 是的！妳沒掉進題目陷阱裡。

就像艾理所說的，不光是第 2 秒，就連第 3 或第 4 秒也都無法使用之前的算法。

所以呢，微分差不多要準備上場囉！

喔喔！

進入到下個章節前，來複習一下目前所學到的部分。

有些東西在微積分理解方面是不可欠缺的，那是什麼呢？

這個嘛，函數和圖形！

正是！

再來斜率方面也學到了。把這些融會貫通，下一章講解的微分就一定能領會，包括妳對它的理解程度。那就順著目前的斜率（變化率）這個主題繼續往下看吧。

微分是什麼？

微分是
觀察微小的變化

選擇適當的兩個點一口氣解決非等速問題

 再將前一章最後出現的圖放上來吧。講的是非等速的情況下，如何正確求出第 2 秒、第 3 或第 4 秒等各個時間的「瞬間速度」。

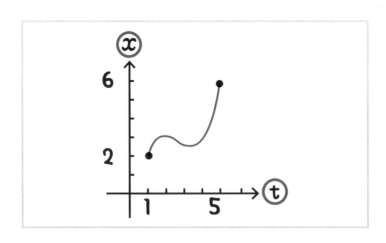

線都歪七扭八的，看樣子是沒辦法精準地算出來，我覺得……

 直線的情況下，不論挑選線的上哪一點其斜率都是固定的，但曲線的情況下就不會這樣了，這就是要用到微分的理由。

那就請艾理在線上選出兩個適合的點吧。

 咦？幹嘛要選兩個？求的速度是「瞬間速度」的話，不是應該選一個就好了嗎？

比較兩個數字就能體會所謂的變化

 艾理注意到重點了！

回想一下剛才的情況，我們在計算艾路走路時圖形的斜率（變化率），那時線上面有多少個點呢？

 兩個！

 這就對了。和當時一樣，在計算**求斜率（變化率）的情況下，即使是「瞬間速度」，若不選出兩個點將難以計算。**

妳知道人在減肥時，為何量個體重會既期待又怕受傷害呢？

因為和前次量的比起來有增有減嘛！

是啊，就因為每次都要去比較之前的體重不是嗎？

如同減重時期體重變化，這就是**求斜率時必須選擇兩個點**的道理。

是喔，原來是這樣！

那就實際來計算看看斜率是多少吧！

試著以符號來
表示「平均速度」

先從自己喜歡的地方選出兩個點

 請幫我在曲線上選兩個自己喜歡的點出來吧，哪裡都可以。

 選好了，這樣行嗎？

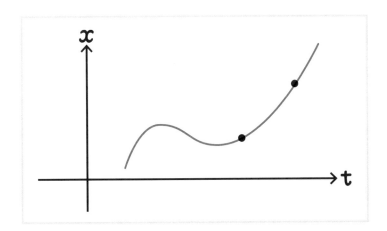

OK 了，為了能配合各式各樣的題型來思考，第 3 和第 4 秒我們便不用具體數字，而設這兩點分別為 t 和 t + Δt。

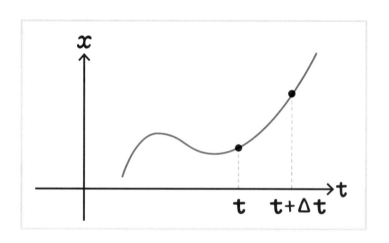

……咦？Δ 是什麼？

之前不是說微積分裡符號只會出現 lim 和 ∫ 兩種嗎？現在講的好像不是這樣吧？還有那個 t + Δt，根本不知道是什麼意思（淚）

與其說Δ是用於微積分的符號，其實它也出現在工科之類的科目當中，幾乎是個我們常用的符號。不同於之前談到的兩種符號，Δ不帶有下指令的意思。

同樣的，要是理解Δ的涵義就完全不必怕它，這點我想妳會懂的，放心吧。

那就來說明了，t和前面告訴過妳的一樣，指的是「time」的t，而Δ是代表「變化」的符號，唸作 Delta。

Δ（Delta）的涵義

 像是Δ x，Δ 和其他字母配合使用，這樣字母代表了什麼意思，Δ 就描述了它的變化程度。

 「變化」是什麼意思？

 比方說，如果 x 是地點，那Δ x 代表了「地點的變化」。如果 t 是時間，那Δ t 就代表「時間的變化」。所以 t＋Δ t 意思就是「以 t 為起點，經過了Δ t 的變化所產生的新時間」。Δ t 絕對不是Δ×t 的意思，跟在Δ後面那個字母只是「某某的變化」的標記。

艾理這下理解了嗎？

 大概知道了……（汗）

既然它描述「變化的事實」，所以Δ後面不就會有一些具體數字嗎？像是Δ3或Δ4之類的。

是的，就是這樣。

那麼假設 t = 3，這樣Δt就等於Δ3，因此代表它移動了 3，是不是這樣說的？

是，如同艾理所理解的。

Δ從頭到尾都要搭配 y、x 或是 t 等字母來使用，因為不這麼做，就傳達不出「某某的變化」的訊息了。

原來如此，光有Δ也是派不上用場的。

Δ要和其他東西搭配才會成為具有功能性的符號，或許可以這樣來思考。

△Delta
和其他字母（x、y、t、v等）做搭配，
它表示了後面字母的「變化量」。

 那為何這裡的點要表示成「$t + \Delta t$」？艾理了解嗎？

 呃！這個嘛……

 Δt 所描述的只有「從 t 起算所經過的時間」。因此我們將 t 加上 Δt，這一來就能表示「t 經過了 Δt 所產生的新時間」了。

 原來如此！我弄懂了！

 話說艾理妳可記得，求斜率需要什麼東西？

 怎麼突然來個小考了啊？

呃，距離 ÷ 時間，所以是不是 $\dfrac{\text{縱軸的變化}}{\text{橫軸的變化}}$ ？

頭腦很清楚！答案就是這樣。不過妳有注意到縱軸上只有 x 嗎？

 這麼一說的確如此……

 照這樣寫，就算說艾理再清楚明白，也感覺不出妳所求的是縱軸的變化吧？

 對啊……那該怎麼做呢？

以「函數」的圖形來思考

 圖形的繪製理應和它背後代表了什麼函數有所關聯。

那假設這是 $x = f(t)$ 的圖形吧，很久沒看到這個符號了，艾理記得嗎？

 這部分沒問題！就是之前的那個吧？

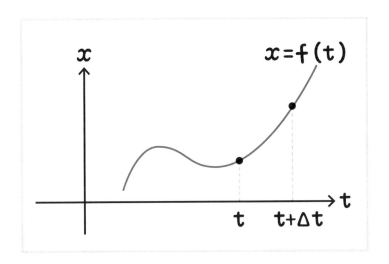

 是的。

現在這個式子翻譯成人類的的語言，意思是：是「把 t 代入 f 盒子就會變出 x」。

那我重新問一次，這兩個點在縱軸上面該如何表示？

 唔⋯⋯$f(t)$ 中的 t 應該要原封不動代進去，所以 **t 在縱軸的值是**

$f(t)$，而 t+Δt 在縱軸的值是 $f(t+\Delta t)$，是這樣嗎？

 答得太好了！結果就如下圖這般：

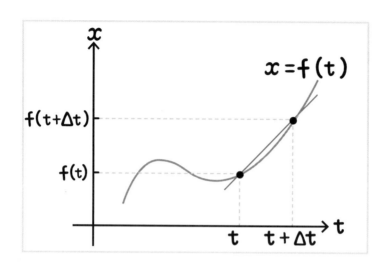

 這一來求斜率的材料都準備好了。為了更容易計算，我們先把連接兩點的直線畫出來。那麼，橫軸及縱軸的變化可以怎麼表示呢？

 橫軸是 $(t + \Delta t) - t$ 得到 Δt。

縱軸是 $f(t + \Delta t) - f(t)$……！？我、我不知道！

 兩個答案都沒錯！

或許妳可以依下述的方式來思考：橫軸是表示時間的 t，因此橫軸變化就是 Δt 對吧？

要是縱軸表示距離，我們如何才能表示它的變化呢？

 是不是 Δx？

 沒錯，Δx 的原貌的確如我們所學到的 $f(t+\Delta t) - f(t)$，不過既然使用 Δt 可以簡單表達出橫軸的變化，那縱軸的變化我們也寫成 Δx，讓式子看起來簡單些吧。

 了解。

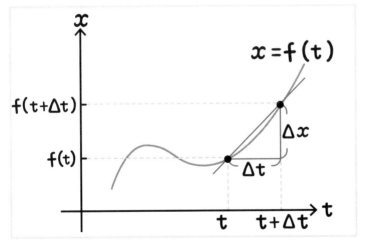

經過了整理，因為橫軸的變化是Δt，縱軸的變化是Δx，所以斜率就是Δx÷Δt，也就是$\frac{\Delta x}{\Delta t}$。

當然也可以不用Δx，而改用$f(t+\Delta t)-f(t)$，寫成$\frac{f(t+\Delta t)-f(t)}{\Delta t}$，這樣表示是 OK 的。套用以上式子，我們就能求出 t 以及 t+Δt 之間的斜率。而**這兩點間的斜率就稱之為「平均速度」**。

咦咦？平均速度指的是 t 和 t+Δt 之間速度的「平均」嗎？

是啊，就是如此。

但我記得前面求的應該是「瞬間速度」沒錯吧……？

回答得好！剛剛算出來的是 t 和 t+Δt 之間的「平均」，所以不是「瞬間速度」。刻意這麼做的理由，**因為想要求出「瞬間速度的話」，計算平均速度是不可欠缺的準備工作。**

LESSON 3

從「切線」來
了解「瞬間速度」

將「平均速度」轉換成「瞬間速度」

 終於要正式進入微分的範圍囉！

 是！（緊張……）

 那我們開始計算「瞬間速度」吧。

剛才艾理幫我選出了 t 以及 t＋Δt 兩個點。假設 t＋Δt 如下圖般
無限趨近於 t，或是說將 Δt 無限趨近於 0，那會發生什麼事呢？

 斜率會改變？

 就是這樣！

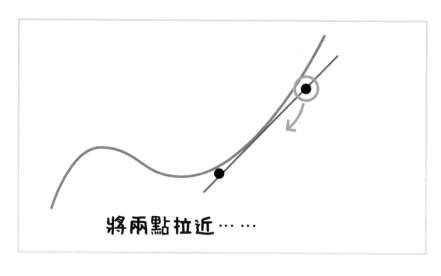

將兩點拉近⋯⋯

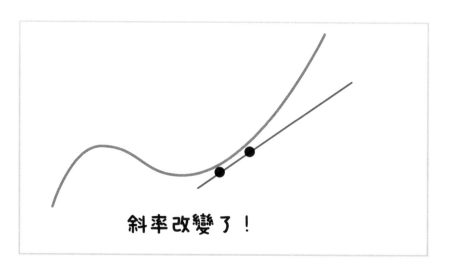

斜率改變了！

不光是斜率的改變，在兩點間距離縮小的情況下，直線和曲線間的差距也跟著變小，有沒有感覺到呢？

 的確！

比方說班上考試的平均分數，對於得 50 分和 70 分的人來說，60 分和 61 分的人平均起來才接近實際分數。

 是這樣沒錯。

將兩點距離拉近到無限小來計算瞬間速度

 因此我們將兩點拉近到無限小的距離，這一來會發生什麼事呢？

 看起來可以得到個令人滿意的值！

 將兩點「拉近到極小的距離」，視覺上就接近了「瞬間速度」。

那把兩點拉近到肉眼無法分辨的程度來試試，結果就如同後圖一般（見次頁）

咦？變成一個點了！

妳就想成是兩點太過接近而重疊了。

同時還可以看到，隨著兩點的接近，連接它們的直線和圖形的曲線正好接在一起了吧？這條線就稱之為「切線」。

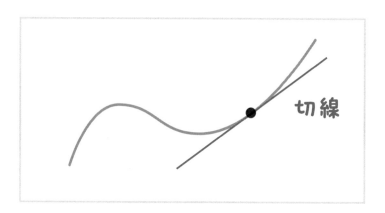

切線

說到這邊妳還行嗎？

是的，我還 OK。

那就繼續囉。

我們到目前為止的動作，使得 t + Δt 朝著 t 接近到重疊的程度，**兩點間的距離趨近於無限小的時候，在微分中就會用到「lim」的符號。**

好不容易才理解Δt是什麼，怎麼又來個新符號了……（泣）

使用「lim」來計算瞬間速度

好了好了，先聽我說明吧。

「lim」是「limit」的簡稱。就如艾理所理解的，是「極限」的意思。像之前提過的 lim 帶有下指令的涵義，它可是艾理的「指路人」。

「lim」符號所代表的意義是：針對後面的東西下達指令，內容寫道：**「關於右側的式子，請按照指令將一個量無限趨近於某個值」**。

例如要將 x 無限趨近於 a，就在 lim 符號下面用箭頭寫上 $x \to$ a。

因此，像我們現在要將Δt無限趨近於 0，那就在 lim 下面寫上 Δt → 0。

而我們一直在思考的切線斜率，就會寫成下面那樣：

$$\lim_{\Delta t \to 0} \frac{\Delta x}{\Delta t} = \lim_{\Delta t \to 0} \frac{f(t + \Delta t) - f(t)}{\Delta t}$$

 這就是「瞬間速度」的表達式，第二個式子只是將 Δx 替換掉而已。

 怎麼像是解謎遊戲的暗號啊……（汗）

 那就一起來解讀暗號吧！

首先我問妳，lim 是什麼意思？

 這個……意思是「請將這個量無限趨近於某某值」。

 正是！lim 字的下面有一串 $\Delta t \to 0$ 又是什麼意思！

「**請將△t 無限趨近於 0**」**的意思嗎**？

是的。那旁邊的 $\frac{\Delta x}{\Delta t}$ 呢？

圖形的斜率吧？

這樣的話「**△t 無限趨近於 0 時的** $\frac{\Delta x}{\Delta t}$ 」，就是表達瞬間速度的

式子囉？

太棒了！這就是正確答案！

lim 的式子可以簡化

另外，剛才解讀出來的數學式也有較為簡單的表達方法。

像下面那樣再寫短一點，不但易讀，表達出來也不會使人搞混：

$$\lim_{\Delta t \to 0} \frac{\Delta x}{\Delta t} = \frac{dx}{dt}$$

這個唸做「**將 x 在 t 處做微分**」，這式子翻譯成人類的語言就是「**將 x 的微小變化，除以 t 的微小變化**」，因此$\Delta t \to 0$ 或是 $\lim$ 符號不特別寫出來也可以。

 原來如此！

類似英文裡的 as soon as possible，也可以簡寫成 ASAP 呢！

 是喔？

或許和「同義字予以簡化」這點是相同的吧。

 那麼 $\dfrac{dx}{dt}$ 裡的 d，有什麼涵義在裡面呢？

 d 源自於「difference」的字首，和Δ一樣是表示變化的符號。它是個和右邊文字來搭配使用的符號，這點和Δ是相同的。因此 $\dfrac{dx}{dt}$ 不能用 d 來約分，寫成 $\dfrac{dx}{dt} = \dfrac{x}{t}$ 是不可以的。

Δ是表示「有限的變化」，而 d 是表示「無限小的變化」。

是喔？

之前老師提過「微分像是用顯微鏡去看東西」，原來就和「觀察分析微小的東西」的意思相同啊！

 是的！

這樣看起來，妳開始對微分的本質有了充分的理解啦！那就來實際解個題目吧！

對 $y = 6x$ 微分

 唔……突然間不知該怎麼做……

 一下子就嚇到了啊？

 是、是啊……

之前學的是要怎麼用，實在找不到頭緒……

 這點請放心！

教過妳的東西拿來運用就可以了。一起來想想題目是什麼意思吧！

 是！

 首先試著畫出 $y = 6x$ 的圖形。也就是畫出 $f(x) = 6x$ 時的 $y = f(x)$

圖形，用高中數學的方式來表達就是這樣的：

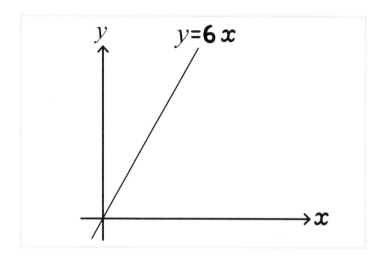

畫出來是條如上圖般朝右上延伸的圖形，這下我們明白了。

艾理到這邊沒問題吧？

是、是的！

為了保險起見，我來考考妳兼做複習。

如上圖，當橫軸是 x 而縱軸是 y 的情況下，橫軸表示了 x 的值，

那這時縱軸的值可用什麼式子來表示呢？

這個嘛……這圖形是 $y = 6x$，橫軸是 x 的時候，那縱軸的 y 就是 $6x$！

 正確！

那麼從 x 移動了 Δx 到達了新的點，這一點可以怎麼表示呢？

 是 $x + \Delta x$ 吧？

 好！OK！

如果橫軸的點在 $x+\Delta x$ 處，這種情況下縱軸會？

 $f(x) = 6x$ 這個式子中，x 的部分用 $x + \Delta x$ 代入就行了吧，所以寫成

$f(x+\Delta x) = 6(x+\Delta x)$，因此縱軸的值就是 $6(x+\Delta x)$ 吧？

 非常好！已經沒什麼可以挑剔的了。

把艾理剛才回答的內容整理成圖形，就像下圖那樣：

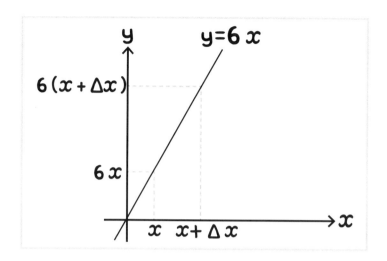

 喔喔!這樣畫出圖形後都整理得乾乾淨淨啦!連我都感覺能做出

來了!

 這裡回顧一下剛才的題目吧。

題目說的是對 $y = 6x$ 微分,微分是觀察微小的什麼?請妳回答,

兩個字。

 「變化」!

 是的,那這題是要觀察哪裡的變化?

會是 $x + \Delta x$ 和 x 之間的變化嗎？

 對！

不過題目是「對 $y = 6x$ 微分」，所以要觀察 x 和 y 雙方面的變化。

前面不是提過了嗎？「將 x（縱軸）的微小變化，除以 t（橫軸）的微小變化」。和當時一樣，我們把縱軸的變化除以橫軸的變化，這個動作應當如何表示呢？

 是不是 $\dfrac{\Delta y}{\Delta x}$？

 對的，因為 **Δx 無限趨近於 0，使用 lim 符號便可寫成** $\lim\limits_{\Delta x \to 0} \dfrac{\Delta y}{\Delta x}$。

而 Δy 可以用什麼式子來表示？具體一點的。

 我認為可以考慮變化，所以是不是 $6(x+\Delta x) - 6x$？

 艾理真的很進入狀況！我們就來看一下式子：

$$\frac{dy}{dx} = \lim_{\Delta x \to 0} \frac{\Delta y}{\Delta x} = \lim_{\Delta x \to 0} \frac{6(x + \Delta x) - 6x}{\Delta x}$$

 式子可以寫成這樣，接下來用乘法分配律，把 6 乘進去後繼續往下算：

$$\frac{dy}{dx} = \lim_{\Delta x \to 0} \frac{6x + 6\Delta x - 6x}{\Delta x}$$

 再來會變出什麼式子呢？

 $6x$ 不見了，所以會變成這樣？

$$\frac{dy}{dx} = \lim_{\Delta x \to 0} \frac{6\Delta x}{\Delta x}$$

感覺不錯喔！再仔細看一下式子，分母和分子有什麼地方長得一樣嗎？

 Δx！

 也就是能將 Δx 約分，像下面這樣：

$$\frac{dy}{dx} = \lim_{\Delta x \to 0} \frac{6\cancel{\Delta x}}{\cancel{\Delta x}}$$

 所以答案是……

$$\frac{dy}{dx} = 6$$

 6！

 是啊，這就是答案了。

 太好了！但是，雖然答案是 6 多少能理解，但最後 $\lim_{\Delta x \to 0}$ 怎麼不見了？

問得好，前面提過 $\lim_{\Delta x \to 0}$ 這符號原本的使用時機是？

 這個嘛，右側式子在 Δx 趨近於 0 的時候。

 就是啊，剛才約分後就沒有 Δx 了，因此把它留著也沒有意義了。

 是喔！原來這樣啊？但……這次計算結果要如何解釋啊？

 微分是觀察分析瞬間的斜率，所以算出來 $\frac{dy}{dx} = 6$ 這個結果，就代表「無論哪個瞬間的斜率都是 6」的意思。

 老師你一說「無論哪個瞬間」，我怎麼就覺得沒什麼微分的價值了啊？

 是啊（笑）。不過呢，要是微分出來的結果帶有 x，斜率不是就會隨著位置而產生變化了嗎？

那接下來我們就來處理這方面的問題。

微分練習題①

對 $y = \dfrac{1}{2} x^2$ 微分

 平方出來了！

 因為有平方，感覺可能稍稍難一些。不過以現在的艾理來說，要是能冷靜處理也一定能做出來的！

 我會努力的！

這個，我記得二次函數是拋物線圖形對吧？

 很好，是那樣沒錯。

那麼請畫出橫軸是 x，縱軸是 y 的圖形。

 了解！

畫出來感覺像這樣？

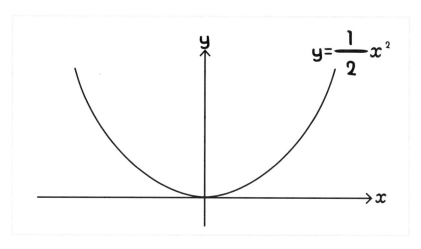

圖形的確是這樣。當橫軸的值為 x 時，y 是 $\frac{1}{2}x^2$。那當 x 為 $x + \Delta x$ 的情況下，y 的值會是？

等一下喔……。橫軸是 $x + \Delta x$，把這個代入 $y = \frac{1}{2}x^2$ 裡的 x，就是 $\frac{1}{2}(x + \Delta x)^2$ ……？

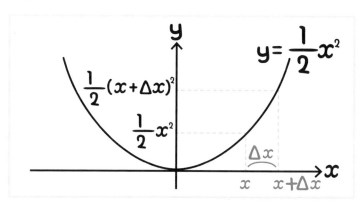

艾理頭腦還是很清楚呢！正確答案！

那就開始計算吧！

 好的！最先式子會寫成這樣：

$$\frac{dy}{dx} = \lim_{\Delta x \to 0} \frac{\frac{1}{2}(x+\Delta x)^2 - \frac{1}{2}x^2}{\Delta x}$$

 沒錯，那 $(x+\Delta x)^2$ 要怎麼算呢？

 我想想看，就是 $(x + \Delta x)(x + \Delta x)$ 嘛？ 所以要從左邊把 x 和 Δx 照順序乘到右邊去，所以呢……

$$(x+\Delta x)(x+\Delta x) = x^2 + x\Delta x + x\Delta x + (\Delta x^2)$$
$$= x^2 + 2x\Delta x + (\Delta x^2)$$

我這樣算對不對啊？

 是的是的！

把結果代入剛才的式子裡看看。

 這樣嗎……？

$$=\lim_{\Delta x \to 0} \frac{\frac{1}{2}\left\{x^2+2x\Delta x+(\Delta x)^2\right\}-\frac{1}{2}x^2}{\Delta x}$$

 對，那再來呢？

 呃，用分配率把$\frac{1}{2}$乘進去……感覺會是這樣？

$$=\lim_{\Delta x \to 0} \frac{\frac{1}{2}x^2+x\Delta x+\frac{1}{2}(\Delta x)^2-\frac{1}{2}x^2}{\Delta x}$$

$$=\lim_{\Delta x \to 0} \frac{x\Delta x+\frac{1}{2}(\Delta x)^2}{\Delta x}$$

做到這個程度已經不錯了！那接下來？

 練習題①裡，我把分子和分母的 Δx 約分了。所以這裡也要約分
⋯⋯

$$= \lim_{\Delta x \to 0} \left(x + \frac{1}{2} \Delta x \right)$$

咦？再來要怎麼做？

 這邊用到的 lim，它的意義是什麼？

 請將 Δx 無限趨近於 0。

 是，那就把上面式子的 Δx 換成 0 試試。

 這樣的話⋯⋯

$$= \lim_{\Delta x \to 0} \left(x + \frac{1}{2} \Delta x \right)$$

$$= x + \frac{1}{2} \times 0$$

$$= x$$

 代換成 0 的話是 $x+0$，也就是說答案是 x 囉？

 答對了！在這裡恭喜妳！其實大考中心學測有出過和這題幾乎一模一樣的題目。

 意思是做出這題的話，就拿到了微分認證的證書囉？

 是啊，微分方面的東西，可以說幾乎都傳授給妳了吧。

 太棒了！微分題目雖然用到一堆符號，不過做起來比想像中容易啊。

 對，我在前言章節提到過「國小學生都會做」的理由就在此。

 感覺還蠻愉快的呢！

對 $y = x^3$ 微分

三次方的計算我根本做不來啊！

都已經學到這種程度了，平方和立方對妳來說都是相同的。

$y = x^3$ 轉成圖形會像下面這樣：

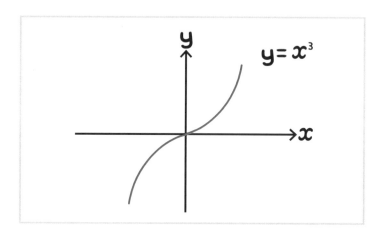

我們來關注一下立方的算法。許多考生應該都知道立方計算的公式，不過我會用簡單的教法讓妳了解它的本質。

首先，$(a+b)^3$ 意思就是 $(a+b)$ 自乘三次，到這邊還 OK 嗎？

是的！沒問題。

直接把 $(a+b)$ 自乘三次，計算起來會很複雜，所以需要的是細心。
因此**不是乘三次，而是乘一次及兩次的大工程！**

乘一次及兩次的大工程……？

將 $(a+b)^3$ 視為 $(a+b)(a+b)^2$，艾理計算平方還行吧？

大概可以……（汗）

那來小試身手算算看吧。

$(a+b)$ 算出來是多少？

這個，可以用 $(a+b)\times(a+b)$ 來算，這樣的話……

$$(a+b)^2 = a^2 + ab + ba + b^2$$
$$= a^2 + 2ab + b^2$$

 這樣對嗎？

 對，接下來把 (a+b) 乘進去看看。

(a+b)×(a²+2ab+b²) 對吧？呃，把 a 和 b 互乘，所以……

$$(a+b)(a^2 + 2ab + b^2)$$
$$= a^3 + 2a^2b + ab^2 + a^2b + 2ab^2 + b^3$$
$$= a^3 + 3a^2b + 3ab^2 + b^3$$

 完全正確！能做到這裡就沒問題了！再來計算 $\dfrac{dy}{dx}$ 吧。

 了解！

$$\frac{dy}{dx} = \lim_{\Delta x \to 0} \frac{(x+\Delta x)^3 - x^3}{\Delta x}$$

$$= \lim_{\Delta x \to 0} \frac{x^3 + 3x^2\Delta x + 3x(\Delta x)^2 + (\Delta x)^3 - x^3}{\Delta x}$$

$$= \lim_{\Delta x \to 0} \frac{3x^2\Delta x + 3x(\Delta x)^2 + (\Delta x)^3}{\Delta x}$$

$$= \lim_{\Delta x \to 0} \{3x^2 + 3x\Delta x + (\Delta x)^2\}$$

$$= 3x^2$$

 艾理已經通過認證了！

 太好了！不過能夠解出三次方的題目，心裡有種無法形容的爽快成就感呢！這樣去應付大考也會一帆風順吧！？

 是的，至少計算題方面妳已經有資格去應付了，我是這麼認為。

 真的很高興呢！

 另外再教妳一件事是，微分的計算題，其實有簡單的計算訣竅在裡頭。

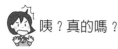 咦？真的嗎？

 訣竅就是以下的公式：

對 x^n 微分、結果會得到 nx^{n-1}

 nx^{n-1} 是什麼東西？

 我認為妳把數字實際代進去做會比較好理解。

對 x^3 微分的話答案是多少呢？

 對 x^n 微分的話會得到 nx^{n-1}，既然如此，x^3 會得出 $3x^{3-1}$，所以正確答案是 $3x^2$？

 答對了！那麼對 x 微分會是？

 這……x 就是 x^1，那麼把 1 放下去成為 $1x^0$……呃？x^0 是要怎麼做啊？

數字的零次方是 1。而 x^0 是 1，所以對 x 微分答案就是 1。

 喔喔！我懂了！

 還有，使用這個公式對 $6x$ 之類的式子微分時，可以暫時忽略 x 前面的 6。也就是說，只針對 $6x$ 式子中的 x 套用公式而得出 $1x^0$，也就是 1。而最後記得把一開始忽略的 6 給乘回來。這樣 6×1 等於 6，就和前面算出的結果一致了。

 能否再舉個例子啊？

 好的，用相同的思考方式來計算 $\frac{1}{2}x^2$，首先忽略 $\frac{1}{2}$，再對 x^2 套用前面的公式算出 $2x$，最後把最初忽略的 $\frac{1}{2}$ 乘回去成為 $\frac{1}{2}\times 2x$，所以就得出了 x。

 喔喔！但明明就有這種特別的公式，為何不一開始就教我呢？有它的話做題目就簡單多了！

微分本身在計算上其實相當簡單，但過去大考中出過和練習題②相似的計算過程填充題，也就是考妳關於微分意義的題目。

遇到這題的許多考生都不知如何是好，因為微分一路學過來只會套用公式解題的人，壓根不會理解它的計算過程。想當然爾，答對比率是很低的。

不過艾理了解微分的意義，在這個基礎上，我想先讓妳有能力將它算出來，才刻意把這個公式留到最後。

這真是塔酷米老師教學的用心啊！

微分如何運用到
這個世界當中？

股價分析也用到微分

 前言的章節裡，我提過微分用於推算全壘打飛行距離。而艾理對微分已經充分了解，因此本章在最後就把話題再深入一些吧。

 麻煩老師了。

 微分也應用於股票市場的股價分析，假設說有支股票的股價趨勢圖像下面這樣：

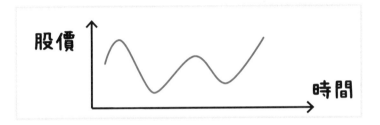

縱軸是股價，橫軸是時間，在一定時間內記錄股價，按照上圖那樣轉換成圖形，然後由圖形變化來分析股價。

那麼多的點（股價）該不會全都要盯著看吧……？要是真的話，這人看起來八成有毛病……

艾理說得沒錯，每個點都得去追蹤，這可不是普通的麻煩，這時就要用到……

不會又是微分吧！？

好答案！追蹤每一點的變化可是一項浩大的工程。

因為如此，我們就**挑選出幾個點分析其變化，再以它為基礎分析股價是漲勢還是跌勢，或什麼時機處於高點或低點。**

微分居然如此有效率！真是太棒了。

那麼選出哪些點要怎麼決定呢？

當然是圖形中急拉和急跌的地方，另外最重要的一點是所謂的「零點」。

 零、零點……？

進行股價分析不可欠缺的「零點」

 想像一下微分當中答案為 0 的時候。微分的答案為 0，也就是切線斜率為 0 對吧？

以這張股價圖形來說，妳覺得是其中的哪一部分呢？

 這個嘛，會不會像這個地方？我舉個例。

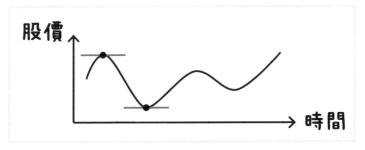

非常的好！答對了！

妳選的兩個點正好位於圖形的頂峰和谷底。而換成數學的語言來說，**形成頂峰的頂點處稱為「極大值」，而谷底的頂點處稱為「極小值」**。

 原來如此，老師指的是這段曲線內的「最大值」和「最小值」吧？求出這一點和其中的變化，和股價有什麼關聯性呢？

 我舉個例子，就算不去追蹤所有的股價資料，只要觀察它的微分，也就是說盯著切線的斜率，當它的值成為 0 的瞬間，就知道股價的高點或低點了。

銀行及股票交易所等金融機構人員，他們每天一方面盯著所謂的變化，另一方面又進行著交易工作。以過去和目前最新資料為基礎，對所謂重點處進行趨勢分析，這有助於預測未來的走向。

 那要是我們普通人這樣埋頭算下來，有沒有可能像金融機構人員一樣，對股價擁有同等的解讀能力呢？。

雖然有沒有那麼簡單，但要做好股票的功課，勢必會遇到這類「微分」的思考方式。無論如何，**透過重點處的微分研究，在投資股市方面多少能夠掌握走勢，還能推測日後的情況**，以上是我在這裡的結論。

以前完全不曉得連股價圖也用到微分！不過這世上竟然有靠微分來吃飯的工作，這點倒是很驚訝！

是啊，**在金融機構中有一種稱之為「金融分析師*」的專業人士，運用高等數學及物理知識來預測分析市場動向，或是開發金融商品等等**。我大學和研究所時的同學，有很多是在當分析師的。

和以前比起來，有沒有更感覺到微分就在妳身邊呢，艾理？

是的！很有感覺！

那最後針對實際遇到的問題，總結一下微分在使用時的處理流程。股價分析以外的領域，很多事情也是用得著的：

---

* Quants，語源為 Quantitative，數量或定量的意思

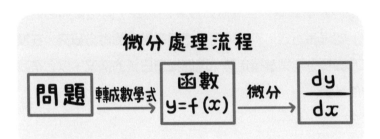

微分處理流程

問題 →轉成數學式→ 函數 y=f(x) →微分→ $\dfrac{dy}{dx}$

首先將要解決的「問題」改寫成式子，成為「函數」。再來對函數「微分」，之後觀察其值並加以分析，因為值的變化當中包含許多重要資訊。

 這真是太酷啦！

 微分講解到此為止，下一章開始講解積分了！

積分
是什麼？

積分在非等速時
會派上用場

非等速時如何求出距離？

親手解出微分練習題的感覺如何啊？

自己比想像中還要會做題目，蠻驚訝的！

那就好了！

懂微分的話，那積分也一定會懂的。

和以前比起來也不再害怕微積分了，多少有這種感覺！

不錯！看妳狀況那麼好，那我開始講解積分囉！

前面有跟艾理提過距離＝面積的事了吧？

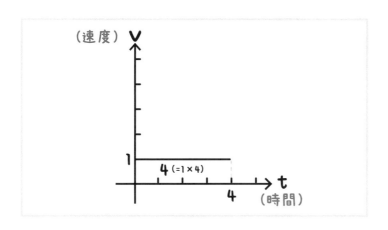

 等速的情況下，以「速度 × 時間」可以求出距離。

由於它的形狀如同圖中的長方形，這在計算面積方面不會有什麼麻煩。講到這裡還可以吧？

 可以的，OK！

 不過一旦不是等速的話，便無法使用之前的公式了。

所以呢，接下來該輪到積分上場了！

 取代以往公式的新星誕生了啊！

非長方形的圖形也可以求出面積

 來思考一下關於**非等速狀況下的計算方式**。在微分中，我們根據艾理的走路速度等資料畫出了圖形，而在積分中，我就舉一個艾理開車的例子。

設想這圖形是根據車子速度和距離的值所製作出來的。縱軸是 v（速度），橫軸是 t（時間）。假設速度如下圖般有著上下的變化，現在要計算從 a 秒到 b 秒的前進距離。

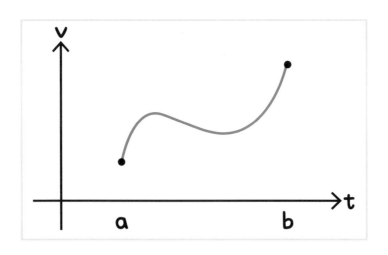

 唔，這線扭得真厲害啊⋯⋯

是啊，這張歪七扭八的圖形要求出它的面積，那就是積分了。

如圖所示，曲線和虛線所包圍的部分，算算看它的面積吧。

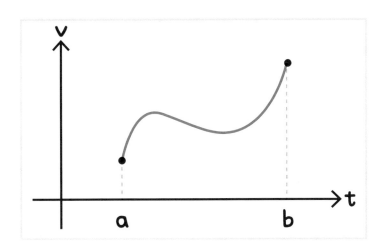

 要求它的面積根本就不可能吧！我光看這張圖就有這種強烈感覺了……（淚）

有沒有什麼方便的算法能立刻做出來啊？

 可惜，計算這種歪曲圖形的面積公式是不存在的。

 不會吧？塔酷米老師不是數學魔法師嗎（泣）！？

第2章　↓→↓→↓　積分是什麼？

133

如果是圓形、橢圓形或梯形的話,用一些手段是辦得到的。但在這種不規則圖形之下就沒辦法了。

 所以我只能用固定速度來開車嗎?

 當然不會那麼做了(笑)

艾理也是人,有時會想抄近路或是減速慢行對吧?所以呢,我就傳授妳一個計算這扭曲圖形面積的神兵利器。

 真的?這個連我都使得上手的兵器,麻煩請老師教我!

將長方形的「紙條」
畫在想計算的面積當中

歪曲圖形也能當作「長方形」求出面積

 請艾理一起來想想看，我們該如何求出這歪曲圖形的面積呢？

 這個嘛，沒有公式可用呢……

 是，既然沒公式就得動腦去想。前面的題目我們已經求出面積了吧？當時的計算方法要是拿來處理這題的話會如何呢？

 唔，我想到的是用形狀相似的長方型……之類的方法。

 非常好！到一半為止都是對的。重點是，要是我們把它當成長方形般的規則形狀，這一來就能求出面積了。因此只要**把長方形儘可能填進想要計算的面積當中即可。**

假設有個形狀不規則的湖泊，想像一下湖面上排滿長方形的地磚，彼此間沒有任何空隙。

那麼就在這圖形中多畫些長方形吧，能畫多少是多少。畫的時候務必將所有長方形左上角和圖形的曲線重疊。因為必須重疊，所以部分超出圖形上緣也無所謂。

 好的，感覺是像這樣嗎……？

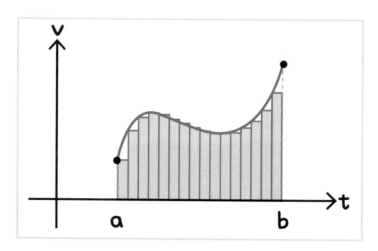

 Very Good ！

那現在開始求面積。從圖裡拿個長方形出來，一個就好了，試試看吧。

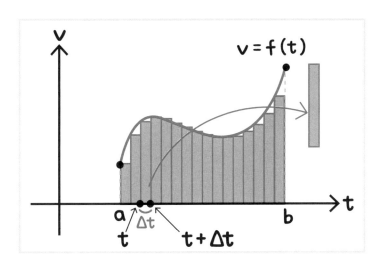

 假設這個長方形橫向長度為 Δt，不論縱軸在哪個高度，它的橫
向長度都是一樣的。。

 長方形左側是 t，右側是 t+Δt，那它的差是 (t + Δt) - t = Δt，這
就是長方形的寬囉？

 是的！

觀察函式得知長方形的縱向高度

 那要怎麼做才能表示長方形縱向的高度（縱軸）呢？

還有一點，我們假設這是個 $v = f(x)$ 的圖形。

 我記得微分的章節裡，當橫軸是 Δt 時，就是縱軸就是 Δx。這次的縱軸表示速度，也就是 v，所以是 Δv 囉？

 叭叭！可惜不對啊。

 咦？怎麼會？我還蠻有自信的⋯⋯

 稍微整理一下吧，微分原本是拿來做什麼的？（參考本書第88-92頁）

 用來「觀察變化」的。

 是的。因此當時我們為了表示縱軸長度而計算過 $f(t + \triangle t) - f(t)$，並且以它的「差值」表示縱軸長度。

對啊，到那邊為止我還懂。

不過這次求的不是「變化」而是「高」。

也就是說當橫軸為 t 時，我們需要的是縱軸上的一個點。而我們也知道這是個二次函數 v = f(t) 的圖形。

那麼重新來過，當橫軸為 t 時，高（縱軸上的點）是多少？

呃……橫軸是 t，那就直接把 t 代入 f(t) 得出 f(t)，對嗎？

完全正確！來整理一下，長方形的高（縱軸）是 f(t)，寬（橫軸）就是 Δt。

$$長方形面積 = （縱軸的高度） \times （橫軸的寬度）$$
$$= f(t) \times Δt$$

LESSON 3

思考長方形的
空隙問題

填滿空隙的方式

 計算長方形面積的準備運動已經完成了！

 這樣的確可以求出圖形裡所有長方形的面積，但圖形本身是扭曲
的形狀，這一來扭曲部分就和長方形間產生了空隙，而且也有些
長方形超出曲線了吧？像下圖那樣的空隙該如何處理？

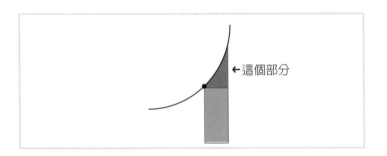

←這個部分

妳指出的問題可謂一針見血！

正如所言，就這麼把目前的長方形面積算出來，因為空隙的存在，得到的也只是近似的答案。

但艾理畫的長方形若是再細一些會怎麼樣呢？想像一下，讓 △ t 趨近於無限小的情況。

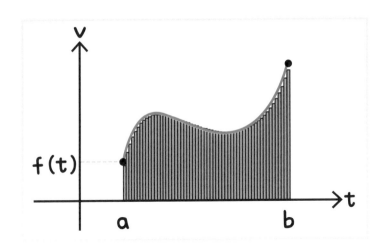

比起之前的長方形，不覺得這個比較可以導出正確的數字嗎？

的確！

這一看空隙明顯地少多了，至少和剛才畫的比起來。

一點都沒錯。

要是將長方形的寬一步步縮小，不管是剛才超出圖形的部分，還有空隙的部分也都會跟著變小沒錯吧？

把長方形的寬縮小後再去加總，這便是積分的核心所在。

那就以計算長方形面積時的熱身運動為基礎，傳授妳求出全部面積的方法吧！

那可真要麻煩老師了。

求出長方形面積的方法

將每個小長方形逐一加總

 再來整理一下手邊資訊吧。

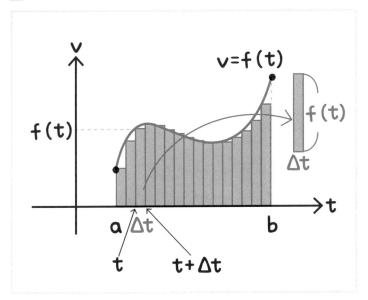

我們要計算的面積，從 a 到 b 之間是它橫向寬度。

再來，我們也了解前面挑選出的長方形，套用 $f(t) \times \Delta t$ 可以求出面積。

而我們要計算這個圖形的面積，只要將長方形面積逐一加總起來即可。

 是要把 $f(t) \times \Delta t$ 一個個加起來吧？

 是的。不過逐一加總的式子，寫出來可是十分累人的，因此我會採用簡單的方式來表達，以下就是表示 $f(t) \times \Delta t$ 從 $t = a$ 加總到 b 的值：

$$距離(面積) \doteqdot \left(\begin{array}{l} 計算\ f(t) \times \Delta t \\ 從\ t = a\ 加總到\ b\ 的值 \end{array} \right)$$

它的意思是「使 t 的值慢慢由 a 變化到 b」。像之前圖裡也有相同情況，圖形裡繪製的長方形逐漸由 a 移動到了 b，這樣沒錯吧？

而且隨著長方形的移動，它的高也隨之改變。所以「從 a 到 b 區

間內，延著曲線產生的各種高度的長方形，把它們全部的面積加總起來」就是式子所表達的涵義。

 原來如此！塔酷米老師，那個 ≒ 是什麼東西？

≒ 是什麼意思

 這也是新登場的符號。讀作「**近似於**」，就是「**差不多是**」的意思。

 塔酷米老師我不太懂耶……「差不多」是指剛才的「空隙問題」仍然無法完全解決嗎？

 當然了，所以再來要解決的是「空隙問題」。

求出曲線部分
面積的方法

使用「dt」讓 Δt 的寬度趨近於無限小

 艾理我問妳，包餃子時要是餡料太大塊，裡面就會產生空隙而不夠厚實對吧？那怎麼做才能把餃子包得飽滿些呢？

 把餡料切細一點啊！

 是的，餡料愈細裡面的空間就愈少，這一來應該能夠包得滿滿的。

現在我們思考的題目也是一樣。剛才的圖形裡，長方形也是愈細愈能把曲線範圍內的部分給填滿吧？那用數學的語言該如何描述這件事？

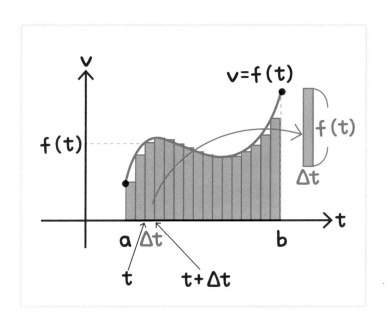

 讓 Δt 變小？

 Excellent ！

要是將 Δt 給縮小，就填補了長方形與扭曲圖形間的空隙，
而超出的部分也跟著減少。如艾理所言，我們讓 Δt 趨近於
無限小，而在積分中，這時會使用「dt」來表示。

咦？微分裡不是也出現過這個符號嗎？

記得很清楚呢！沒錯，微分章節中有提過 Δ，是指「有限的變化」，而 d 是表示「無限小的變化」對吧？因此在這裡我們同樣將趨近於無限小的 Δt 以 dt 來表示。如果把它套用在剛才說的面積式子之中，那會怎麼樣呢？

是像這樣嗎？

（長方形面積）= f(t)× dt

正是！

乘法符號可以省略，所以可以表示成 $f(t)dt$。

使用積分符號來加總長方形

「從 t=a 加總到 b 的值」就是這樣嗎？

能短的話就再短一些，因此會縮寫成 $\int_a^b$

又是個不懂的符號……！

不過怎麼長得蠻可愛的（笑）

妳是說它像某種身體直立在砂裡扭來扭去的海鰻吧？（笑）

所以這個符號叫海鰻……不，它叫作 Integral。

I...Integral ？

是，就叫 Integral。仔細瞧這隻海鰻，看出來像英文字母的 S 嗎？

有啊，看得出來！

s 是英文「加總」的單字「summation」的開頭字母。最早開始

是寫做 s，後來愈寫愈長就成為 $\int$ 了。

所以當遇到這個符號，可以把它想成是「加總起來」。

所以呢，艾理弄懂 $\int_a^b$ 的意思了嗎？

意思是說「請從 a 加總到 b」嗎？

 就是這個意思！

$$\int_a^b \implies \text{「從 a 加總到 b」的意思}$$

整理一下到目前為止所提到的，我們正在思考的複雜圖形，它的面積可以寫成下面這個樣子：

$$距離（面積）= \int_a^b f(t)\,dt$$

 老師簡單扼要的幾句話，看上去再難的符號也變得很好理解了。

積分是這樣誕生的

延續 5000 年以上的積分歷史

 有關積分的學習已經進行到了這裡，但其實很早以前積分就出現在世上了，它有著很長的歷史。

 咦？我還想是不是最近才有的，那是什麼時候呢？

 據說竟然在古埃及時代就有了。

 古，古埃及……！？是埃及艷后出現的年代嗎？

 這點不是十分清楚，但我認為蠻接近的。

說法似乎有很多種，所謂的古埃及時期，一般認定是從西元前

3000 年到西元前 30 年。人們都說埃及艷后的出現是西元前 30 年前後，或許吧，至少有部分時間是重疊的。

一個有著絕世美女的年代，一想到這段故事就有些親切感了！

不錯啊！

根據考證，歷史悠久的古埃及年代，當時受尼羅河滋育而繁榮一時，不過人們心中卻有個煩惱……

是什麼？因為抓不到魚嗎還是……？

積分的出現來自於生活當中

是河川氾濫成災，不斷引發洪水，淹沒居住地區，使得土地變得崎嶇不平，要回復原貌，用聽的也知道十分困難。

那還真麻煩呢，感覺得出來。

那是怎麼恢復原貌的？水淹了之後，自己的地都不知道從哪裡到哪裡了吧？

妳注意到重點了！

所以當時有個方法，以經過測量出的面積為基準，在洪水過後重新分配土地。

但是河的形狀都歪七扭八了，這樣還要計算土地面積也太累人了吧……

對喔！積分的想法就是這樣誕生出來的嗎？

以「窮竭法」計算面積

是的！

而且當初埃及人就算知道正方形或長方形的面積算法，卻不知道這次我們所學的積分計算法，我們學的積分是運用極限的概念。

於是埃及人就如下圖般，先求出用長方形能夠算出來的部分：

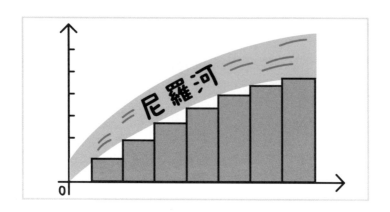

 再來，空隙的部分就像下圖那樣，據說當時人們運用三角形和圓形等各種形狀的拼湊組合來做計算，這種算法就稱為「**窮竭法**」。

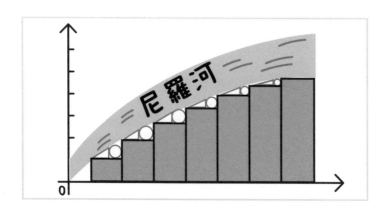

就算發生洪水後地形產生了變化，只要事先計算好面積，自己的居住區域也會得到保障，這一來人們就放心了。

的確！原來當時的人們下過這番工夫啊？積分真是個從日常生活中所誕生的智慧，實在太令人驚訝了。

那麼一想，積分和人們走得如此之近，這感覺真是出乎意料呢。而我們剛才學到的是有著 5000 年以上歷史的計算法，可以這麼說吧。

怎麼樣？有沒有覺得很有分量呢？

我們學的東西居然存在著那樣的歷史啊……要是那時的人們穿越時空跑到現代，知道我們還在學微積分的話或許會很高興吧？

是啊，我們這裡所討論的東西，要是也留存到 5000 年後，可是件不得了的事啊！

那麼就來個練習題，當作複習到目前為止講解的內容吧！

積分練習題①

$$求 \int_0^t 4t\,dt。$$

 哇哇！（汗）

 一下子就被嚇到了啊？（笑）

這裡先重新複習一遍積分剛開始所教過的吧。

如圖所示，有一圖形縱軸為速度（v），橫軸為時間（t）。當速度為 5，時間為 t 的情況下，距離是「速度 × 時間」，得出來是 5t。這一來距離就等同於面積。

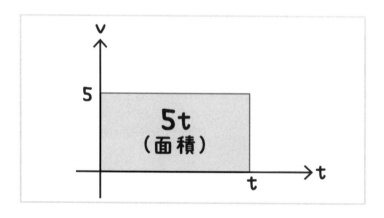

到這裡還 OK 嗎？

可以的，OK！

那再來看另一個圖形，這是 $v = \frac{1}{2}t$

縱軸同樣為速度，橫軸為時間。假設時間在圖中 t 的位置，這時
速度是多少呢？

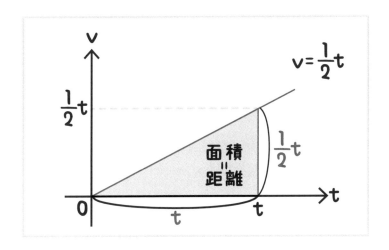

$\frac{1}{2}$ t！

對！那面積如何計算呢？用底 × 高 ÷2 可以得出三角形面積。

呃……$\frac{1}{2}$t ×t ÷ 2，是不是 $\frac{1}{4}$ t² ？

 答對了！

現在我們所思考的圖形，橫軸的移動範圍從 0 到 1，使用前面教的積分符號可以寫成這樣：

$$\int_0^t 5dt = 5t, \quad \int_0^t \frac{1}{2}tdt = \frac{1}{4}t^2$$

到目前為止，妳的焦點放在速度與面積之間的關係上。不過這裡卻產生了件有趣的事，有發現到嗎？

 咦咦？

 其實**速度就是對距離微分**。第一題的距離是 5t，速度是 5。第二題中的距離是 $\frac{1}{4}$ t²，速度是 $\frac{1}{2}$ t，確實是這樣吧？

是耶！這真是世紀大發現啊！

反過來想，對 5 做積分的時候，可將它想成是「微分後變成 5 的值」，對 $\frac{1}{2}$ t 做積分，答案就是找出一個「微分後會變成 $\frac{1}{2}$ t 的值」。

真是神奇呢！

不過妳回想一下，微分是「觀察微小的變化」，積分是「加總微小的變化」，這個我在序章就教過了吧？所以兩者的關係應該沒那麼神奇。也就是說，做積分使用到微分，而這兩個動作反過來也是可以的。

積分計算只是微分計算的反轉

咦？做起來有那麼簡單喔？

是的！來實作看看吧。

回到前面的題目來看看，$\int_0^t 4t\,dt =$ ？對它做積分的話是多少呢？

 唔……光看 4t 的話感覺還可以懂，但是有 dt 要怎麼處理？

 這裡先把 dt 給忘了吧，把注意力先放在 4t 上面。

 咦……這樣行嗎？老師既然都那麼說了……

對 x^n 微分會變成 nx^{n-1}。反過來算的話……4t 中的 t 是一次方，所以我要算的，也就是右邊 t 要變成是 t^2 吧？。微分後把二次方放下來，t 前面數字要變成 4，所以答案是 $2t^2$ 囉？像下面這樣子：

$$\int_0^t 4t\,dt = 2t^2$$

 沒錯！完全正確！

 太好了！

為何 dt 可以視為「不存在的數字」?

 我在算的時候,為什麼可以把 dt 當成不存在的數字呢?

 當然,就像最初我講過 dt 代表長方形的寬,它有著重要的意義。並非當它不存在就可以了。只是說在加總時,長方形的寬是維持不變的,會變化的只有它的高。

 那與計算有直接關係的,就只有 dt 前面的值了吧!

 既然如此,積分計算題中只要看藍線所框住的部分就能解題了。就目前的學習階段,了解這一點已經足夠了。

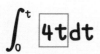

 剛開始可能不太習慣,等熟悉之後就完全不用怕了。

$$求 \int_0^t \frac{1}{3} t^2 dt$$

 分數出現了！

 那就請艾理來試試看吧！

 只要看 $\frac{1}{3} t^2$ 就行了，所以答案裡 t 的部分是 $t^{2+1}=t^3$。數字部分，把三次方放下來時前面數字變成 $\frac{1}{3}$，照這樣算回去的話應該是 $\frac{1}{9}$ 吧？

那答案是 $\frac{1}{9} t^3$，也就是 $\int_0^t \frac{1}{3} t^2 dt = \frac{1}{9} t^3$。

 全部都對！幾乎沒什麼可挑剔的了。（笑）

那就照這樣的好狀況來做最後一題吧！

$$求 \int_0^t t^4 dt$$

 最後是考四次方嗎？

首先 t 的部分是 t^5，前面的數字要能抵消微分後的 5 而成為 1，

所以需要一個 $\frac{1}{5}$。這樣答案是 $\frac{1}{5} t^5$，也就是 $\int_0^t t^4 dt = \frac{1}{5} t^5$。

 完全正確！

 太好了！

 積分本身的計算是簡單到連國小學生都懂，這下親自感受到了吧？

微積分也藏身在
國小數學當中

深奧的微積分世界

 我的微積分課講到這裡已經結束了，體驗過這次的教學後感覺怎麼樣呢？

 參加塔酷米老師的課之前根本不懂什麼微積分，而現在我居然會做微積分題目，真的蠻驚訝的呢……

 沒有意外，我對艾理施展「一個鐘頭就懂微積分」的魔法看來是成功了！

 啊！真的哩（笑）！真是感謝塔酷米老師！

我想艾理已經能夠理解微積分的本質了。

但這次上課講的內容，說實話，不過是讓妳瞄一下這深奧的微積分世界，還只是入口而已呢。

咦？是喔？

是啊，所以不能就此滿足，在這次教學之後，希望艾理務必在微積分上，還有數學上持續投注心力才行。

我想妳必定能體會更多微積分乃至數學的趣味性。

有些微積分應用於各領域的小秘辛，在前言章節已經介紹過了。現在艾理學會了，這樣我覺得列舉一些比較深的案例也不會有問題。

結束前的最後，就講一些東西來加強艾理對數學的學習欲吧。

真是麻煩老師了。

圓形相關計算中其實就藏著微積分！

事實上，**國小學的數學當中就藏有微積分。**

165

是喔！？國小數學裡嗎？我完全想不到有什麼微積分的成分啊……

艾理啊，國小學過圓面積和圓周長的求法，還記得嗎？

這個……記得好像是「半徑 × 圓周率」吧？

可惜錯了！圓面積是「 半徑 × 半徑 × 圓周率」，圓周長是「直徑 × 圓周率」。

啊！對對！想起來了！

那就嘗試以符號來思考吧。

圓半徑用 r 來表示，圓周率用 π ，這種情況下圓的面積可以怎麼表示呢？

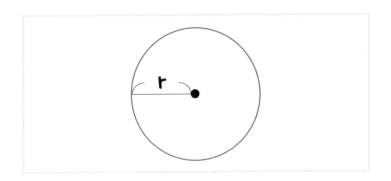

 呃……圓面積是「半徑 × 半徑 × 圓周率」，所以是 r×r× π……π r2 嗎？

 答對了！那圓周長呢？

 圓周長是「直徑 × 圓周率」，這樣就是 (r＋r) × π，是 2π r ？

 對！先記好這個數字。

假設這個圓是個年輪蛋糕，身為糕點師的艾理想要加厚它的外皮。我們設其厚度為 dr，那麼請問 d 代表什麼？

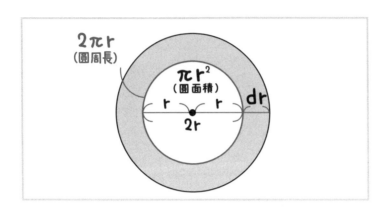

 「變化」！

 對！意思就是：厚度產生了 dr 程度的變化。那麼多加的那層如果想求出它的面積，式子要怎麼寫？

 這……

 想像一下年輪蛋糕加厚時要做些什麼吧。就是在原有的皮上再多捲一圈麵皮對吧？如果說把多捲的那圈皮給剝下來鋪平，它長得會是什麼樣子呢？

哇！居然是長方形……！

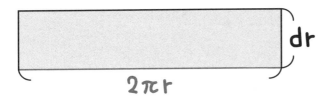

dr

$2\pi r$

長是 $2\pi r$，寬是 dr，也就是說面積是

$2\pi r \times dr = 2\pi r\ dr$ ！

全對了！艾理講到年輪蛋糕眼睛都亮了呢（笑）

從半徑為 0 之處全部加總就是面積

那就從半徑為 0 的地方一層層疊起來吧。本來年輪蛋糕最中間是空的，不過為了貪吃的艾理，這裡討論的蛋糕就當它沒有空洞吧。

疊起來的部分，把面積加總後會發生什麼事呢？

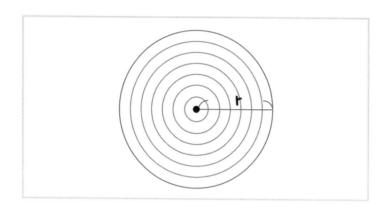

 這樣就能算出年輪蛋糕全部的面積了！

 反應很快呢！是的，這就是**圓面積**。

要是從積分的角度來看，**從半徑為 0 的地方，將全部的 $2\pi\, r\, dr$**

（蛋糕的每一層）加總到半徑為 r 的地方，得到的就是圓面積，

沒錯吧？

 喔喔！的確是這樣呢！

 那麼使用 $\int$ 來表示吧，看看會怎麼樣。

 意思就是從半徑 0 加總到半徑 r 的地方吧。

所以……下面的式子對嗎？

$$\int_0^r 2\pi r\,dr$$

 很好很好！就是這樣。

既然式子都寫出來了，那就來做做看吧。回想一下積分練習題②，$\int_0^t \dfrac{1}{3}\,t^2dt$ 要如何計算呢？

 對喔，可以回想練習題②時的做法。那時我注意力先放在 dt 前面的 $\dfrac{1}{3}\,t^2$，才來思考「哪個式子微分後會得出這個值」。

 很進入狀況呢！

 所以只要思考微分之後會得到 $2\pi\,r$ 的式子就行了吧？但是 π 是要怎麼思考啊？

 π 是一個常數，就像數字 3 或是 5 一樣，妳把它當成普通的數字就行了。

常……常數？

 常數就是「數值不變的數字」，如同字面的意思，「**它的值是固定的，不會有所改變的數**」，就和普通數字沒兩樣。

 原來是這樣，那答案就是 πr^2 囉？

 完全正確！那麼請問艾理，圓面積的公式是？

 πr^2！啊！長得一樣耶！

球體體積算法中同樣藏著微積分

 除了圓面積之外，國中學的數學內容裡也藏有微積分的喔。

 還有地方藏著微積分啊？

 國中學過的球體體積，還記得怎麼計算嗎？

記得沒有很清楚，好像有個公式……

呃，是 $\frac{4}{3}\pi r^2$ 嗎？

 沒錯，而球體表面積是 $4\pi r^2$，這球體被一層厚度只有 dr 的薄皮所包覆著：

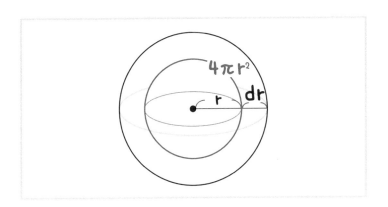

 如何才可以求出這片薄皮的面積呢？

 薄皮攤平時，寬的部分是 dr，所以是 $4\pi r^2 \times dr = 4\pi r^2 dr$ 嗎？

 非常棒！那麼「體積」是多少呢？

剛才我們以年輪蛋糕來思考如何計算，請妳回想看看。

 這個嘛……$4\pi r^2 \times dr$，從半徑 0 到半徑 r 的地方全部加起來，那就是 $\int_0^t 4\pi r^2 dr$。

 對它積分的話呢？

 居然是 $\frac{4}{3}\pi r^2$！

 就是這樣！換言之，對表面積做積分會得出體積。球體體積算法之中，其實一樣藏著微積分。

 不知不覺在國小國中時就接觸到微積分了！凡是我們所到的地方，處處都有微積分的影子呢。以後在數學，包括微積分方面我都會持續下功夫去學習的。

 艾理能說出這句畢業感言就讓我很高興了，這次教學真是價值匪淺啊。

結語

"In order to tell the truth, you have to lie"

這是個人最欣賞的一句話，直譯的意思就是「為傳遞真相而撒謊，這是有必要的」，聽起來或許還蠻震撼的。

這次的教學實際上存在著許多「謊話」在裡頭，指的當然不是胡亂把數學套用到整體教學當中，而是「為傳達真正想表達的事物，而將內容仔細篩選，避開艱澀辭彙」的意思。

舉例來說，一開始面對國小學生的數學減法課程，突然出一個「2 － 5 ＝ ？」的題目，應該不會有老師這麼做吧？

個人認為一開始會從「3 － 1 ＝ ？」或是「4 － 3 ＝ ？」之類的計算來切入，不涉及答案為負數的題目，而這也是「謊話」的一種。

「與其當一個講述 100 卻只傳達 10 的內容之人，我倒希望能成為講述 50 能傳達 30 的人」，這點是個人一向堅持的想法。有 100 的東西要表達，我會把全部的心力放在內容中的 50 上面。

經過同樣方式精心淬鍊的內容，也是本書所呈現的。

本書已傳達 30 的內容予讀畢的各位。結束之前，期望各位亦能以求知的心去了解剩下的 70。

2019 年 4 月

Takumi

國家圖書館出版品預行編目資料

鍛鍊你的「微積感」!：連文科生都能一小時
搞懂的微積分／Takumi著；威廣譯. -- 初版.
-- 臺北市：五南，2020.10
　　面；　公分
　　ISBN 978-986-522-220-8(平裝)

1.微積分

314.1　　　　　　　　　　109012887

ZD15

鍛鍊你的「微積感」！
──連文科生都能一小時搞懂的微積分

作　　者 ─ Takumi

譯　　者 ─ 威廣

發 行 人 ─ 楊榮川

總 經 理 ─ 楊士清

總 編 輯 ─ 楊秀麗

主　　編 ─ 高至廷

責任編輯 ─ 金明芬

封面設計 ─ 王麗娟

出 版 者 ─ 五南圖書出版股份有限公司

地　　址：106台北市大安區和平東路二段339號4樓

電　　話：(02)2705-5066　傳　　真：(02)2706-6100

網　　址：http://www.wunan.com.tw

電子郵件：wunan@wunan.com.tw

劃撥帳號：01068953

戶　　名：五南圖書出版股份有限公司

法律顧問　林勝安律師事務所　林勝安律師

出版日期　2020年10月初版一刷

定　　價　新臺幣250元

Muzukashii Sushiki ha Mattaku wakarimasen ga Bibun Sekibun wo
Oshiete Kudasai
Copyright © Takumi 2019
First Published in Japan in 2019 by SB Creative Corp.
All rights reserved.
Complex Chinese Character rights © 2020 by Wu-Nan Book Inc.
arranged with SB Creative Corp. through Future View Technology
Ltd.

經典永恆・名著常在

五十週年的獻禮 —— 經典名著文庫

五南，五十年了，半個世紀，人生旅程的一大半，走過來了。

思索著，邁向百年的未來歷程，能為知識界、文化學術界作些什麼？

在速食文化的生態下，有什麼值得讓人雋永品味的？

歷代經典・當今名著，經過時間的洗禮，千錘百鍊，流傳至今，光芒耀人；

不僅使我們能領悟前人的智慧，同時也增深加廣我們思考的深度與視野。

我們決心投入巨資，有計畫的系統梳選，成立「經典名著文庫」，

希望收入古今中外思想性的、充滿睿智與獨見的經典、名著。

這是一項理想性的、永續性的巨大出版工程。

不在意讀者的眾寡，只考慮它的學術價值，力求完整展現先哲思想的軌跡；

為知識界開啟一片智慧之窗，營造一座百花綻放的世界文明公園，

任君遨遊、取菁吸蜜、嘉惠學子！